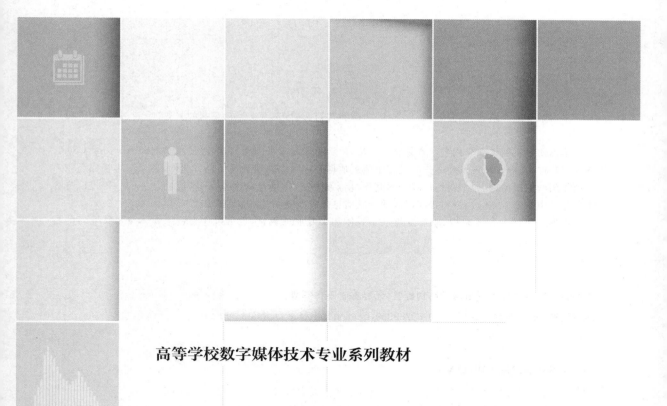

高等学校数字媒体技术专业系列教材

数字音频基础及应用

王志军 主编

王 慧 杨玲玲 刘呈龙 王 旭 编著

U0283664

清华大学出版社

北京

内 容 简 介

本书系统地介绍数字音频的制作方法、步骤和技巧,包括人声、音乐、音响的采集、录制、修改及最后加工合成。

本书通过实例详细介绍数字音频制作方法,使学习者可以举一反三,学习使用 Adobe Audition CS6 音频处理软件,在制作影视及动画作品过程中能更加得心应手地处理音频信息。此外,还介绍影视作品中声音的作用和剪辑原则,详细讲述广播剧的制作过程和方法,并通过动漫作品、影视剧、纪录片、影视广告等影视作品中的音乐、音效赏析,提高读者的音频信息处理技能和艺术素养。

本书可以作为高等院校、职业院校数字媒体相关专业的教材,也可以作为数字媒体技术从业者的参考书。

图书在版编目(CIP)数据

数字音频基础及应用/王志军主编.—北京:清华大学出版社,2014(2024.2重印)
(21世纪普通高等学校数字媒体技术专业规划教材精选)
ISBN 978-7-302-36694-2

Ⅰ.①数… Ⅱ.①王… Ⅲ.①数字音频技术—高等学校—教材 Ⅳ.①TN912.2

中国版本图书馆 CIP 数据核字(2014)第 117180 号

责任编辑:刘向威　王冰飞
封面设计:文　静
责任校对:梁　毅
责任印制:沈　露

出版发行:清华大学出版社
　　　　网　　　址:https://www.tup.com.cn, https://www.wqxuetang.com
　　　　地　　　址:北京清华大学学研大厦 A 座　　　　　邮　　编:100084
　　　　社 总 机:010-83470000　　　　　　　　　　　　邮　　购:010-62786544
　　　　投稿与读者服务:010-62776969, c-service@tup.tsinghua.edu.cn
　　　　质量反馈:010-62772015, zhiliang@tup.tsinghua.edu.cn
　　　　课件下载:https://www.tup.com.cn, 010-83470236

印 装 者:三河市君旺印务有限公司
经　　销:全国新华书店
开　　本:185mm×260mm　　印　张:13.25　　　　　字　　数:325 千字
版　　次:2014 年 10 月第 1 版　　　　　　　　　　　印　　次:2024 年 2 月第 12 次印刷
印　　数:20301～21300
定　　价:39.00 元

产品编号:060156-02

前言

FOREWORD

　　音频在影视和动画作品中起到至关重要的作用，它可以传达信息、刻画人物性格、推进事件或故事发展、烘托环境气氛，因而充分扩展了视听作品的表现空间。然而长期以来，人们往往比较重视画面艺术研究，却常常忽视音频的研究，使音频技术及艺术的发展受到一定的限制，未能充分发挥其应有的作用。

　　我们生活在一个有声的世界中，视觉和听觉是联动的，视听艺术的完美展现需要画面与声音良好的结合。视听作品中音频的设计和制作需要遵循一系列操作流程，包括作品规划、素材采集、剪辑编辑及混录合成等，因此，音频制作人员需要了解音频制作的各个环节及其技巧。本书全面涵盖了数字音频编辑的理论知识，并且将理论与实践结合，介绍音频处理软件及其操作方法。

　　本书共分 15 章。第 1 章概述音频的发展历史和发展方向，并介绍音频的一些基础知识。第 2 章根据声音在影视作品中的作用，说明声音的剪辑原则。第 3 章介绍常用的音频素材制作软件。第 4 章简单介绍音频作品制作和推广的一般流程。第 5 章详细讲述音频素材的采集方法。第 6 章到第 12 章详细讲述 Adobe Audition CS6 软件的应用。第 13 章以广播剧为例，专题讲解广播剧的制作要点。第 14 章和第 15 章是动漫作品、影视剧、纪录片、影视广告等影视作品中的声音赏析。

　　本书的编写注重理论与实践相结合，图文并茂，便于学习者接受和理解。

　　本书第 1～2 章、第 7～12 章和第 14 章由天津师范大学津沽学院王慧编写，第 3 章和第 4 章由天津师范大学津沽学院刘呈龙编写，第 5 章和第 6 章由天津师范大学津沽学院杨玲玲编写，第 13 章和第 15 章由天津师范大学王旭编写。全书由王慧、杨玲玲统稿，并由王志军主编、王慧芳主审。

　　感谢清华大学出版社对本书出版给予的大力支持，感谢教材编写委员会诸位老师的帮助。本书的编写也得到淮南师范大学孙方老师的热心指导，在此一并感谢。

　　由于写作时间紧迫加之作者水平有限，书中难免有不足之处，恳请专家、同行批评指正。

编　者

2014 年 5 月

目录

CONTENTS

第 1 章

数字音频基础

本章导读：

想要深入学习一门知识，首先要了解它的历史。

本章主要介绍数字音频的发展历史、发展方向，声音在影视作品中的分类、音频制作所需要的硬件以及常见的音频格式等基础知识。

1.1　音频的发展历史

本书涉及两个概念："声音"和"音频"。"声音"是指人的主观感受，因此在对影视作品进行分类和赏析时，都是用"声音"这个概念；而在本书中，"音频"主要是指记录、存储声音信息的文件，因此在对声音记录和处理等方面，使用"音频"这个概念。

音频的发展历史主要表现在声音记录的发展史上。声音信息最初都是瞬时性的，不能进行存储和回放，直到托马斯·爱迪生发明了留声机，声音才得以记录和重放。1877 年，发明家爱迪生创造出了一台由大圆筒、曲柄、两根金属小管和模板组成的机器（图 1-1），对着一个圆筒状的装置唱起一句儿歌："玛丽抱着羊羔，羊羔的毛像雪一样白"。这一句只有 8 秒钟的声音通过摇动曲柄，竟然被这个装置回放了出来，这就是爱迪生发明的留声机。这句歌词也成为了世界上第一段被录下来的声音。爱迪生的留声机记录声音利用的是"声音是由振动产生的"这一基本原理，因此，最早是利用机械原理来记录声音的。

随后在 1898 年，丹麦人波尔森发明了磁性录音，将声波转化成磁性变化记录到磁体上，最

图 1-1　爱迪生与他的留声机

初是使用钢丝作为录音体,把钢丝贴在与传声器相连的电磁铁上快速地转动,使钢丝不断地被电磁铁磁化,电磁的强度随着传声器的声音而波动,并在钢丝上形成相应的磁性变化,重放时将钢丝重新缠绕在电磁铁上,产生与所录声音相应的电流,从而推动耳机发出声音。这是影响最为深远的一种声音存储方式,现在使用的磁带录音机便是根据这种原理制成的。

　　时隔不久出现了光学录音,是将声音的强弱变化转换成光的明暗变化,并且记录在感光胶片上的一种录音方式,这种方式主要用于电影录音。1905 年,德国的科学家鲁莫尔成功地发明了把声音的振动转变成光的变化这一方法。法国人罗斯特紧随其后,马上开始了将这种方法应用到有声电影的研究上,并取得了初步的成功。1927 年,在美国导演 Alan Crosland 执导的《爵士歌王》中,影片开始后 15 分钟左右,男主角乔尔森声情并茂的歌唱,连同观众热烈的掌声、主人公的几句台词都被无意中记录了下来,成为电影史上的第一部有声长片,如图 1-2 所示。直到现在,很多电影录音依然采用这种方法,利用电影胶片一侧留有的小窄条(称为声带)来记录声音。

　　注意:磁性录音是把声音记录在磁带上,录音后即可听到声音,如质量不好,可消磁再录。而光学录音是把声音记录在胶片上,必须经过洗印后,才能知道声带的质量,如不合格,这条胶片就报废。

图 1-2　电影《爵士歌王》海报

　　前面所讲的 3 种录音原理,均属于记录音频模拟信号的方式,随着近代计算机科技的发展,数字化录音技术进入人们眼帘,成为音频技术发展史上一个跨时代的里程碑。数字音频技术是一种利用数字化手段对声音进行录制、存放、编辑、压缩、播放等处理的技术,是随着数字信号处理技术、计算机技术、多媒体技术的发展而形成的一种全新的声音处理手段。

　　数字音频的存储过程:即对模拟信号进行数字化处理,将其变换成数字信号的过程。首先将传声器转化而来的模拟电信号(波形信号)每隔一定时间间隔(即采样时间)采集一个观测值,这个观测值就是某一时刻电信号(电压或电流值)的采样值,此过程为采样,经过采样处理后,模拟信号变成了一个个时间上等间距的离散化信号数值(与各个时刻所对应的电信号数值序列),显然,为了使采样值真实地体现被采样模拟电信号变化的情况,相邻两次采样的时间间隔应尽可能短,即采样频率应尽量高;然后,将采集到的样本电压或电流数值序列进行等级量化处理,即将一系列采样时刻的信号数值归整(四舍五入)到与其最接近的整数标度量化级数上,此过程为量化,经过量化处理后,原采样电信号数值序列转化为一个整数序列(这样就便于转化为二进制数来表示);最后,将量化后的各个整数用一个二进制数码序列来表示,这称为"编码"过程,将这个整数序列通过二进制编码以 0 和 1 的形式进行存储。这个采样、量化、编码的全过程称为数字化过程,如图 1-3 所示。例如,人们使用的录音笔、MP3 等电子设备都是利用电子录音技术存储音频的。

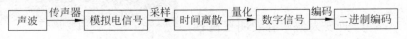

图 1-3　音频数字化的过程

相对模拟音频信号而言,数字音频有着很多的优点。

(1) 数字音频在传输和保存的过程中信号无损失。传统的模拟音频技术将声音存储在磁带或胶片等介质中,不容易保存,并且利用母带复制子带时会产生信号的损失;而数字音频只记录 0 和 1,信号容易传输、保存,并且信息在复制过程中不会损失。

(2) 数字音频容易处理加工。模拟音频很难进行复杂的二次加工,而数字音频所提供的声音处理方法可以对音频进行很好的加工和修正。

(3) 数字音频可以在保证音质的前提下实现高比例的压缩。模拟音频在尽量不损失音质的前提下,最多可以实现 1:2 的压缩比率;而数字音频的压缩比率可以高达 1:13,现今广为流传的 WMA、MP3 等音频压缩格式的压缩比率甚至更高,出色的压缩技术使得音频文件在因特网上传播得更加方便快捷。

当然,数字音频也有不如模拟音频的地方,就在于对声音的真实还原上,声音在现实世界中毕竟以模拟的形式存在着,数字音频必须保证较高的声音采样率,才能拥有良好的音质,而采样率高必然会占用更大的存储空间。

数字音频存储介质的发展可以解决这一问题,从 CD 发展到 DVD,然后到蓝光等。普通 CD 光盘存储容量仅有 700MB 左右,DVD 光盘存储容量有 4.2GB 到 10GB 不同的规格,而蓝光盘单面存储容量就可达到 25GB 左右。

本书主要讲述数字音频的设计与制作。以下"数字音频"简称音频。

注意: CD 和 DVD 的种类有很多,如 CD-ROM、CD-ROM XA、照片 CD、CD-I、音频 CD 和 DVD-ROM、DVD-R、DVD-Audio 等。这里主要指应用于音频的 CD 和 DVD。

1.2 音频的发展方向

自第一部有声电影出现发展至今,音频在各类影视作品中起到重要的作用。作为视听艺术中的重要一员,音频的发展不及视频所得到的发展,长期以来,专家学者对画面艺术、技术的偏重及深入研究,相比之下,音频功能未能得到应有的重视和广泛的应用。人们对视听艺术的要求逐步提高,简单的声配画已经远远不能满足观众的需求,人们总是期望能够看到更加清晰、真实的画面,听到更加震撼的、立体的声音,达到真正身临其境的效果,因此,观众的需求对音频的发展起着重要的导向作用。

音频的发展方向有以下 3 点。

(1) 模拟音频与数字音频相结合,使音频的音质得到进一步提高。

从数字音频与模拟音频优缺点的对比可以看出,数字录音制作的节目无法达到模拟技术的优良音质,现有的数字技术并不能完全取代模拟技术。

在专业音频领域,为了得到更好的音质效果,仍然需要采用电子管器件,如电子管话筒、电子管前置放大器、压缩器,以及功率放大器。为了与数字化音频系统配合使用,很多最新的音频专业电子管产品带有了数字接口,将模拟音频与数字音频有机结合,取长补短,用数字化手段弥补传统音频设备的弱点,用数字化技术来实现模拟的音质。例如,模拟数控台,将模拟信号利用数字化的系统控制,并且配置模/数转换接口将模拟信号与数字信号进行转换。当然,电子管正在逐步被大功率晶体管所替代。

（2）多声道立体声技术与多声道虚拟技术在不同领域的应用和发展。

随着蓝光光盘等存储介质的出现，数据存储容量急剧增大，高清视频应运而生，"高保真"音频的概念也随之提到日程上来，为了使声音尽量真实再现，需要采用多声道录制以及还原声音。多声道立体声技术大家并不陌生，20世纪90年代被广泛应用于各类音响领域，通过多个音响设备实现立体声，最大程度将声音真实还原；多声道虚拟技术，又称为虚拟环绕声技术，在双声道立体声的基础上，不增加声道和音箱，把声场信号通过电路处理后播出，制造出环绕声源的假象，使聆听者感到声音来自多个方位，产生仿真的立体声场。

多声道立体声需要繁多的多声道音频设备，该技术广泛应用于空间较为开阔的地方，如数字剧院、放映厅、会议室、家庭影院等。

限于目前的科技水平，数码随身听、音乐手机这些小型的音频播放设备是不能使用多声道音频设备的，因此多声道虚拟环绕音效的开发，应用的平台是以数码随身听、音乐手机等便携设备为主。

（3）音频制作从专业化朝向平民化发展。

未来的音频市场是面向数字化、智能化及产品综合性的方向发展，音频处理和制作软件也更加容易操作，因此，自主创作的音频作品将更为突出。普通用户无须大量且昂贵的专业音频中转设备，只需要有一台计算机、一只话筒和一副耳机就可以自由创作，从而将音频创作向平民化、大众化推进，并且，为实现音频作品的资源共享，用于制作、检索和存储音频信息的技术也必将成为研究和发展的方向。

1.3　影视作品中声音的分类

目前各类影视作品主要包括电视剧、电影等故事类影视作品；科技片、专题片等论述类影视作品；纪录片、文献片等资料类影视作品；新闻报道、现场录制等节目类影视作品；动画片、动漫游戏等虚拟类影视作品；以及广告片、宣传片等综合类影视作品。

虽然影视作品种类繁多，但是都属于视听语言的范畴，可以找到各类影视作品中声音的共同之处。

1.3.1　根据声源形式的不同分类

根据声音发声主体的不同进行分类，是最为普遍认可的一种分类方式，可分为人声、音乐和音响三类。

1. 人声

人声是指影视作品中人物形象的所有声音。人声的音色、音高、节奏、力度，都有助于塑造人物性格的声音形象，然后才和视觉形象联系起来，形成一个完整的整体。在同一作品里，不同音色、音高、节奏和力度的人物声音形象所形成的总合效果，就仿佛是合唱一样。人声主要是由对话、独白、解说词3种形式组成的。对话进入超叙事时空，作为人物内心的运动，更深入地揭示人物的思想感情。独白有两种形式，一种是人物的内心声音，另一种是人物或叙事者在非叙事时空对事件的评价。解说词是非事件空间的创作者对事件空间所发生的事件的评价或解释。

2．音乐

音乐是人类文明史上经过数千年的发展，其艺术形式已趋完善，主要是由一些音乐人凭借一些乐器创作而成的。音乐对于影视艺术来说，则是一门年轻的艺术。在无声电影时代，针对电影画面的内容与情节的需要，音乐的"声音"率先打破了无声的局面；当跨入有声电影时代后，影视音乐的创作更得以喷涌发展。影视作品中的音乐往往凝结着影片最深刻的思想和最深沉的情感。面对着人类复杂的情感，再出色的台词也显得苍白无力，唯有配有与影片水乳交融的音乐，才能与影片产生共鸣，达到作品精神层面的升华。

3．音响

音响是影视节目中除了人声和音乐以外的所有声音的统称。它几乎包括自然界中各种各样的自然声和效果声。作为背景或环境出现的人声和音乐通常也可被看作是音响。自然声可以直接记录下来，也可以采用人工模拟的方法记录。效果声的制作与自然声是不发生冲突的，但是在运用上带上了特别的艺术内涵，故又称为特殊效果声。对于影视作品而言，音响是极其重要的一种声音元素。音响与人声、音乐在影视作品中是相辅相成、互相补充、互相结合以及表真、表意、表情。无论在内容上，还是形式上，音响都起到补充、烘托、使影片更加流畅的作用。

在影视作品中，人声、音乐和音响这三大类影视声音元素是互相依存、互相渗透和互相作用的。在影视作品的创作实践过程中，它们互相配合、互相替代，相得益彰。需要注意的是，在有的时候，这三类声音元素之间的分界线实际上又是模糊的，如人物的歌唱既是人声又可看做是音乐来抒发情感；作为背景环境的嘈杂人声也可以看做是富有表现力的音响效果。

1.3.2 根据声音与影像的关系分类

根据声音是否由画面内的人或物体发出，可以分为画内音和画外音。

1．画内音

画内音是指画面内人和物体所发出的所有声音。在获得第84届奥斯卡最佳音效剪辑奖的影片《雨果》（图1-4）的开端，巡查员放开警犬追逐雨果的片段中，人物的追逐奔跑、熙熙攘攘的人群、警犬的咆哮、交响乐团的演奏、火车的鸣笛及撞击等声音，伴随着画面的快速转接，将20世纪初巴黎火车站繁忙的场景淋漓尽致地刻画出来。

图1-4 《雨果》剧照

2. 画外音

画外音是指在画面中没有出现声源的声音，主要表现为旁白、解说和音乐插曲，在叙事节奏的控制、时空的转换和情绪的渲染起到重要的作用。一般用来表现人物的内心以及推动故事的发展。例如，在经典影片《阿甘正传》（图 1-5）中，通过阿甘的主观旁白，串起对自己经历的回忆描述，从一个小人物的视角讲述美国"阿波罗登月"等一系列里程碑式的事件，反映出美国人诚实、守信、勇敢、执著等价值观。

图 1-5 《阿甘正传》剧照

1.4 音频制作的硬件基础

在采集、处理声音的过程中，需要对原始声音进行拾取、合成，对声音进行音量的调节、监控，多声音的混合，高中低音的调整，音效设置等操作。因此，在音频制作之前需要了解一系列音频设备。

1.4.1 录音室和拟音室

录音室又称为录音棚，是人们为了创造特定的录音环境声学条件而建造的专用录音场所，是录制音频素材、为影视作品配音、制作歌曲的专用房间（图 1-6），内配话筒、调音台、音箱、录音机、效果器、计算机等设备。录音室的声学特性对录音制品的质量起着十分重要的作用，其中，噪声是影响录音效果最大的敌人，选址要远离干扰声源，或通过隔声将噪声控制在标准以下，并与振动源隔离。从用途角度可分为对白录音室、音乐录音室、音响录音室、混合录音室等；按声场的基本特点可分为长混响录音室、短混响（强吸声）录音室、长短混响可调（自然混响）录音室等。

图 1-6 录音室

拟音室主要用于影视作品音效的创作，模拟各种世界上存在的声音，也可以创造各种世界上不存在的音响效果。拟音室房间的系统隔声量要不小于 60dB，尤其对混响时间要求严格,大概需要控制在 $0.29\sim0.32s$ 之间。为了制造各种音响效果,拟音室里常常堆满石头、砖块、沙土、树枝、瓶瓶罐罐等拟音物品(如图 1-7 所示,拟音知识详见 5.3 节)。

图 1-7 拟音艺术家马科·科斯坦索科为科幻惊悚片《永无止境》拟音

1.4.2 调音台

调音台又称为调音控制台,它将多路输入信号进行放大、混合、分配、音质润饰和音响效果加工,是现代电台播送、舞台扩音、音响节目制作等系统中进行广播和录制节目的主要设备,如图 1-8 所示。作为音响系统的中间设备,调音台在音频制作系统中起着核心作用,它可创作立体声、美化声音,又可抑制噪声、控制音量,是声音艺术处理必不可少的一种机器。根据处理的信号分为模拟调音台和数字调音台,都拥有多路输入,常见有 8 轨、16 轨、32 轨,每路的声信号可以进行单独的处理,如放大、音质补偿、增加声效、空间定位等,还可以对各种声音进行混合、调节混合比例;同时拥有多路输出,包括左右立体声输出、编辑输出、混合单声输出、监听输出、录音输出等。数字调音台不同于模拟调音台之处在于,加入了很多效果器,对参数可以进行可视化调整,总线及内部走线可以在屏幕上查看设置;并且有场景记忆的功能,可把自己的设置记录下来调入使用。有多种数字音频接口,一般采用 ADAT 接

图 1-8 调音台

口和计算机音频工作站连接,通过 MIDI 接口与软件同步。

1.4.3 声卡

声卡又称为音频卡,是多媒体计算机中用来处理声音的接口卡,如图 1-9 所示。它可以实现声波与数字信号的相互转换,一般分为集成声卡和独立声卡。早期的计算机中并没有集成声卡,计算机要发声必须通过独立声卡来实现。随着主板整合程度的提高以及 CPU 性能的日益强大,同时主板厂商降低用户采购成本的考虑,集成声卡越来越多,几乎成为主板的标准配置,然而对于音质要求高的专业人员和发烧友来说,独立声卡有丰富的音频可调功能,依然是选择的热点。

声卡的接口包括线性输入接口、线性输出接口、话筒输入接口、扬声器输出接口、MIDI接口等。

1.4.4 传声器

传声器俗称话筒或麦克风(图 1-10),它首先将声波信号变成对应的机械振动,再由机械振动转换成对应的电信号。根据是否添加外接电源可分为无源传声器和有源传声器。根据声场驱动力形成的方式分为压强式传声器和压差式传声器。压强式传声器的振膜单面暴露在声场中,对声波造成的压强做出相应反应;压差式传声器的振膜片两面都受到声波的作用,它的振动由两面作用力之差决定。

图 1-9　声卡

图 1-10　麦克风

根据振膜受声波作用力的方式不同,传声器具有不同的指向性,分别用在不同的用途(表 1-1),这是传声器的重要指标。

表 1-1　传声器的指向性

名称	圆形	心形	超心形	8字形	强指向形	抛物面形
指向性图形	⊕	♡	♡	8	↕	↕
拾音角度	全向 360°	正面 180°	正面 180°	正背面 60°	正面 30°～40°	正面 20°～30°
用途	无指向性 室内外一般拾音	单指向性 在剧场、体育馆等大厅,用于音乐、舞台等拾音		双指向性 立体声或采访拾音等	强指向性 用于影视配音等	用于运动场广播、特殊效果音等拾音

1.4.5 扬声器

1. 音箱

音箱就是放置扬声器的箱子,将电信号还原成声信号,同传声器拾音是相反的过程。按照音频可分为低音音箱、中音音箱、高音音箱;按照用途可分为主放音响、监听音箱和返听音箱。音箱选用时需要考虑的因素有使用目的、收听的最大距离、设置的场所、方式、价格、外观和特殊要求等。

音箱的摆放也是需要注意的问题,杂乱的摆放音箱不能得到很好的音质效果。以计算机配用的 5.1 立体声音箱(图 1-11)为例,包括两个前置音箱、两个后置环绕音箱、一个中置音箱和一个低音音箱(俗称低音炮)。每个音箱的位置都有严格的要求。前置的两个音箱左右分别放置,面对聆听者成 45°角摆放,中置音箱放在显示器前的桌面上或显示器的顶部。前置音箱与中置音箱的高度尽可能相同,并且正面应在同一平面上,两个环绕音箱摆在聆听者的左右两侧相同距离处,面对面朝向聆听者,并将这两个音箱放在高于聆听者坐姿时头部以上 60~90cm 处,低音音箱面朝聆听者放置在其前方的地面上,最好靠近墙面,以获得较好的重低音效果。

注意:音箱摆放的简单法则是高音音箱摆在高处,低音音箱摆在低处。

2. 耳机

耳机分为开放式耳机和封闭式耳机。开放式耳机是市场上比较流行的耳机样式,体积小巧,不隔音,声音会泄漏,甚至可以与另外一边的耳机声音形成反馈,多用于普通用户欣赏使用;在录音或处理音频效果时需要随时监听声音效果,为避免录制音频时话筒将音箱或开放式耳机的声音也拾取进去,一般会使用全封闭式耳机,这类耳机具有很好的隔音效果,并且配有皮质柔软的耳垫,佩戴起来比较舒适,如图 1-12 所示。

图 1-11 立体声(5.1)音箱　　　　图 1-12 全封闭式耳机

1.4.6 MIDI 键盘

MIDI 键盘主要用于音乐创作,外观上类似电子琴(图 1-13),本身不能发声,只能专门用来控制虚拟乐器或是通过串接指令控制其他电子乐器来发出声音,一般与计算机连接使用。在一些小型音乐创作中,MIDI 键盘也可用计算机键盘代替。

图 1-13　MIDI 键盘

1.5　音频的常见格式

1.5.1　无损音频格式

1. CD

CD 音频基本上忠于原声,是公认音质最好的音频格式,采用 44.1kHz 的采样频率,速率为 88kbps,具有 16 位量化位数。CD 音频文件的扩展名为.cda,以一种读取序列的形式存储在 CD 盘里面,很多播放软件支持播放,但不能直接复制,需要通过 Windows Media Player 等软件翻录到计算机中,在 Windows Media Player 的“选项”对话框中设置“翻录音乐”的参数(图 1-14),就可以将 CD 以其他音频格式的形式存储在计算机上。

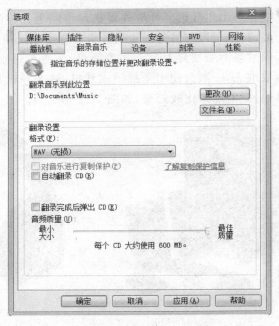

图 1-14　将 CD 翻录成 WAV

2. WAV

WAV 文件是微软公司开发的一种声音文件格式,来源于对声音模拟波形的采样,也称波形声音文件,是最早的数字音频格式,文件扩展名为.wav。被 Windows 平台及其应用程序广泛支持。同 CD 格式一样,采用 44.1kHz 的采样频率,具有 16 位量化位数。保存的是没有压缩过的音频,占用的存储空间大。

3. FLAC 和 APE

FLAC 和 APE 是采用无损压缩音频技术的两种音频格式,在同样采样条件下,不会破坏任何原有的音频信息,比 WAV 文件容量少一半左右,可以还原原有音频的音质。目前被很多软件与硬件音频产品所支持,但由于所占空间还是比有损音频大很多,因此都不是主流的音频格式。

1.5.2　有损音频格式

1. MPEG 音频文件

MPEG 音频文件是一种有损压缩格式,但是以极小的声音失真换来了较高的压缩比。MPEG 标准音频层共分三层,分别为 MP1、MP2、MP3。其中 MP3 音频标准压缩文件最为流行,是迄今为止最常使用的有损压缩音频格式之一。相同长度的音频文件,用 MP3 格式存储可以达到 WAV 格式文件的 $1/12\sim1/10$,由于这种压缩算法是将人耳无法感知的音频信号去除,产生的音频失真也都在可接受的范围内,因而可以保持相当不错的音质。

2. WMA

与 MP3 格式平分秋色,是以减少数据流量但保持音质的方法来达到比 MP3 压缩率更高的目的,音频文件扩展名是 wma。压缩率一般都可以达到 1/18 左右,适合在网络上在线播放。

3. Real Audio 音频文件

Real Audio 音频文件的压缩率可高达 1/96,在互联网上比较流行,最大的优势是能够网络实时播放,即边下载边播放,并可随网络带宽的不同而改变声音的质量,在保证大多数人听到流畅声音的前提下,使带宽较富裕的听众获得较好的音质。Real Audio 音频文件的扩展名主要有 ra、rm、rmx 等。

1.5.3　MIDI 计算机作曲文件

严格意义上来讲,MIDI 不是一种音频格式,因为 MIDI 文件并不是一段录制好的声音,而是一个记录声音信息的文件,用 C 或者 BASIC 语言将电子乐器演奏时的击键动作变成描述参数,记录下所按的键、按键力度、按键时间等,因此,MIDI 文件不能存储歌曲,仅能存储曲调,其文件扩展名为 mid 或 midi。通过 MIDI 音乐制作系统(图 1-15)创作各种类型的音乐,可以利用计算机安装的作曲软件写出,也可以通过声卡的 MIDI 口把各种外接音序器演奏的乐曲输入计算机里,保存成 MIDI 文件。

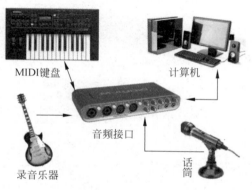

图 1-15　MIDI 音乐制作系统

习题

1. 数字音频和模拟音频相比,其优缺点分别是什么?
2. 收集和查看相关资料,总结音频的发展方向。
3. 影视作品中的音频分类方式有哪几种?
4. 音频制作时需要哪些硬件设施和设备?
5. 录制音频时,如何根据需要选取合适的话筒?
6. 列举常见的几种有损压缩的音频格式。

第 **2** 章

声音在影视作品中的作用及剪辑原则

本章导读：

声音是影视作品表现手段的一个重要组成部分，它与画面共同构筑影视作品的空间、推动故事发展、完成角色形象的塑造。

第 1 章说明影视作品中的声音一般分为人声、音乐和音响 3 种类型，本章分别介绍在影视作品中这三类声音的制作过程及注意事项，通过分析声音与画面配合的效果，说明影视作品中声音的作用和意义。

2.1　人声的作用

人声是指人物角色发出的声音，除了默片之外，几乎每一部影视作品中都能听到人声，作为影视作品中最不可缺的声音元素，人声主要包括对白、独白、解说（旁白）、歌声、啼笑、感叹等。

2.1.1　人物语言的作用

1. 对白和独白的作用

1）塑造人物性格

人物因年龄、性别、气质和性格的不同，其说话声音的音调、音高、力度，以及语速等都具有自己的个性特点。声音的独特运用可以帮助塑造人物形象，在电影《教父》中（图 2-1），为突出教父神秘沧桑的形象，导演让马龙白兰度嘴中含了两块棉球说话，教父的声音听上去含混不清，将一个年迈、神秘、充满力量的教父形象刻画得无比传神。

2）推动剧情发展

通过人物的对话或内心独白，交代或者暗示故事情节发展的走向。例如《泰坦尼克号》中船长史密斯与船体工程师安德鲁的对话，称赞泰坦尼克号是"永不沉没"的轮船，以及船长下达全速行驶命令的坚定语气，都为影片后面泰坦尼克号撞击冰山，以致最终沉船做了大量铺垫。

图 2-1 《教父》剧照

3）传达信息

人物的对话可以传达出时代感以及地方特色，不同时代的语言有着不同的用语，不同的地域也有着不同的方言，可以通过人物的语言特色传达故事情节之外的一些信息。

2. 解说（旁白）的作用

解说在资料类和论述类影视作品中最常使用，利用语言抽象性描述和概括的功能使观众领悟到画面所反映的深层次含义。

1）扩展画面空间

解说可以补充画面没有拍到或者不能拍到的内容，如主人公以前的经历、对未来的展望，或者其他很难用画面展示的细节，纪录片《故宫》在介绍故宫的建立时，解说永乐皇帝朱棣登基、迁都以及故宫的建造过程，带给观众无限的遐想。

2）明确指示画面信息

解说可以强调突出关键性细节，在纪录片《舌尖上的中国》中，画面中出现冬笋去笋衣的过程，观众的注意力可能只放在冬笋的做法上，伴随着解说："冬笋去掉笋衣之后，可食用的部分所剩无几。"人们才意识到去掉笋衣后的小块冬笋，并且意识到冬笋的珍贵。

3）定位影视作品的艺术风格

解说同时为影视作品的风格定下基调，大型人文纪录片《话说长江》像散文一样的解说，带着文雅的味道，将长江两岸的风土人情向观众娓娓道来；英国广播公司（BBC）制作的科教片《蓝色星球》，无论是讲述海底世界中珊瑚的生长，还是外太空中观察地球表面，都在解说中提供一些科学的数据支持，带着严谨的态度和求实的风格；而在纪录片《帝企鹅日记》中，解说则是利用一种拟人的语气介绍"帝企鹅"长途跋涉踏上冰原，幽默地讲述"帝企鹅"在繁衍地选择配偶的过程，让观众在调侃之中对"帝企鹅"顽强的生命力产生敬意。

2.1.2　人物发出其他声音的作用

1. 丰富人物形象

有特点的语气声、笑声等可以丰富人物形象,例如在著名的日本动漫《海贼王》中,可以看到很多有特点的角色,修船工福兰奇自信的欢呼声、灵魂歌手布鲁克乐观的笑声、冯克雷个性化的语气都给观众留下深刻的印象,把人物各种各样的不同性格表现出来。

2. 表达人物的内心情感

周星驰的御用配音演员石班瑜,将周星驰塑造的一个个"无厘头"搞笑的形象,通过其独特的笑声广为人知,无论是开心的笑声、无奈的笑声,还是讽刺的笑声、骄傲的笑声,根据剧情的发展,将人物内心深处的情感表露无遗。

2.2　音乐的作用

2.2.1　分析音乐在影视作品中不同位置的作用

音乐按照在影视作品中的位置不同,可以分为片头音乐、主题音乐、背景音乐和片尾音乐。

片头音乐是指放在作品开头的音乐。片头音乐有两个作用,一是在故事开始之前营造氛围,把观众的情绪带入到所要讲述的情节之中,二是揭示作品即将要表述的主题。

主题音乐在影视作品中以歌曲或者旋律的形式出现,创作鲜明而富有表现力,为表达影视作品主题思想、奠定作品基调、深化情感以及营造气氛起到重要的作用。主题音乐大多在作品中多次出现,贯穿整个作品始终,在情节进入特定情感时出现,营造用画面和语言都无法比拟的效果,如《人鬼情未了》的主题曲《奔放的旋律》分别在主人公相爱、人鬼殊途的重逢以及影片结尾处出现,把影片推向一个又一个高潮;主题音乐的旋律还可以采用多种变奏曲,在不同情节展现出不同的效果,如《泰坦尼克号》的主题歌《我心永恒》的旋律,分别在画面温馨宜人、波澜壮阔、惊心动魄之时,将同一首乐曲用不同的乐器奏出,不同的变奏营造出多种不同氛围,伴随剧情的推进发展,将观众带入人物当时的心境之中。这些旋律优美动听的主题曲不仅对影片的成功起到重要的作用,而且在影片放映多年之后,仍脍炙人口广为流传,成为人们对优秀影视作品永久回忆的深深印记。

背景音乐用于画面中主人公对话和动作的背景,可以起到衬托动作节奏、抒发作者情感、表现剧中人物心境的作用。画面唯美的法国纪录片《迁徙的鸟》,在背景音乐的应用上相当精致,当轻快的音乐配合着丹顶鹤优雅的舞步奏出,旋律就像流水般轻快地走入观众的内心深处,此时的背景音乐就像是画面中动作的伴奏,渲染出画面中静谧的环境氛围。在连续剧《宰相刘罗锅》中,著名表演艺术家王刚将贪官和珅的形象刻画得深入人心,在和珅出现或者将要出现在画面中时,专属于该角色的背景音乐便会响起,在滑稽可笑之中带着阴险狡诈,这种背景音乐不但加强了人物的动作性,更表现出人物的精神面貌,揭示人物的心态和情感,使人物的形象更加鲜明动人,起到锦上添花的作用。

片尾音乐用在影视作品结束时,播放工作人员字幕时的衬底音乐,它既有将影视剧的结尾情绪推向高潮、升华主题的功能,也有余音绕梁、令人回味无穷的作用。

2.2.2 分析音乐和画面的不同关系带来的作用

按照音乐和画面的关系,可以分为有声源音乐和无声源音乐。有声源音乐又可称为现实性音乐,是客观的音乐,这类音乐在画面上有声音的来源;无声源音乐又称为功能性音乐,是主观的音乐,这类音乐在画面上没有声音的来源。

有声源音乐和无声源音乐之间经常进行转换,同一首乐曲由画面中的乐器演奏过渡成客观的作品插曲,或者由插曲引出作品中主角的演唱,就可以配合画面带给观众时空穿梭的效果,并且可以营造出不同时空和地域的人物思绪相互连接的氛围,在很多作品中可以看到利用这种方式的应用。

2.2.3 分析音乐带给观众的不同感受

按照音乐带给观众的感觉可以分为轻快明亮、宽厚沉闷、紧张压迫、舒缓雅致等多种音乐类型。

影视作品需要根据主题、角色的情感选择合适的音乐色彩,如作品的整体风格是清新自然,音乐也就需要选择轻快和舒缓的,不能使用沉闷和紧张的;然而作品整体风格如果是紧张惊悚,选择的音乐也需要能够带给观众心理上的压迫感等。在画面内容出现离别、死亡时,使用宽厚沉闷的沉重音乐,会使观众感到更加悲伤;而轻快明亮的音乐则可以增添快乐幸福的感觉。

2.3 音响的作用

音响是影视作品中除人声和音乐之外的所有声音,需要指出的是,作为背景或环境出现的人声也可以被看作是音响,主要包括下面几类。

(1) 动作音响:脚步声、掌声、咀嚼声等。

(2) 社会音响:人群声、叫卖声等。

(3) 自然音响:风声、雨声、雷声、鸟鸣声、流水声等。

(4) 机械音响:发动机声、火车声等。

(5) 特殊音响:电子合成音响等。

当画面中有一只杯子掉落在地上,人们就会期待听到杯子撞击地面的声音,这是与人们的生活经验相联系的,因此,音响是影视作品中极其重要的一种声音元素,与人声、音乐在影视作品中交替、结合、相互呼应,对延展画面空间、增强画面真实感、表现环境动态、烘托环境气氛和流畅影片都起到重要的作用。

当人声引起观众特别的注意而忽略画面时,音响的使用还可以起到加强画面的作用。例如,画面中人物在交谈时,观众往往更倾向于思考他们谈论的内容,而此时的一些自然音响或者社会音响的使用,就很好地介绍人物交谈所处的环境,从而起到加强画面的作用,利用音响元素再现特定空间的环境氛围,给观众造成身临其境的感觉。

语言和音乐是对现实的抽象概括,而音响是具体的感性,语言和音乐在表达风格上的不同,能够接受和欣赏的观众群体也会有所不同,然而音响的合适采用几乎可以使所有的观众群体都能接受。

2.4　声画关系

在影视作品中,声画比重通常有 3 种关系:画面占主要地位,声音为画面内容服务,烘托画面;声音占主要地位,画面烘托声音,如音乐电视(MTV);声音与画面同等重要,互为补充。

影视作品中的声音和画面通过视觉和听觉这两种不同的感官分别进行表意,各自有着不同的规则,而最终影视作品效果的形成,并不是声音和画面的简单叠加,通过不同的声画结合方式,声音和画面可以形成不同的视听感受,声画结合方式主要有声画同步、声画分离、静默 3 种。

1. 声画同步

声画同步是指人声、音响、音乐与画面的节奏完全吻合,画面中角色的动作、口型和相应的音响、人声同步出现、同时消失,即声音由画面中的角色、环境产生的,是最为常见的一种声音和画面的组合形式。这种形式特指画面中的角色和它所发出的声音如影随形、密不可分。观众既可看到角色的形体动作,又能听到相匹配的声音,是再现现实生活的一种表现手段,可以加强画面的真实感和可信性,提高视觉形象的直观性和表现力。

2. 声画分离

声画分离是指画面中的声音和形象不具有一致性,包括动作、时空和情感表现方面的不一致,使得声音和画面具有相对独立性,但声画分离不是绝对的分离,而是一种更高层次的统一。声画分离又分为声画并行和声画对立两种表现形式。

(1)声画并行,又称为声画平行,声音和画面并不一一对应,但意义相配。声音并不具体的追随或者解释画面内容,也不与画面处于对立状态,例如电影《加勒比海盗 1》中,杰克船长逃离官兵追捕的打斗场景中,运用"he is a pirate"这首乐曲,将不同节奏的打斗场面贯穿起来,形成海盗船长一种自由与不羁的完整形象。

声画并行在资料类影视作品中经常使用。音乐在纪录片中采用时,必然要服从画面。但这种服从不能机械地、图解式地、被动地平铺。因为纪录片并不像故事片和电视剧那样有完整的情节。如果遇到什么画面,配用什么音乐,随镜头更换、音乐就会支离破碎。所以纪录片的音乐常常是以声画并行进行的,音乐只能与相应的画面内容的情绪大致吻合。

(2)声画对立,又称为声画离异,声音和画面在情绪、气氛、格调、节奏、内容上的意义反差很大,甚至对立,此时的声音使用具有某种寓意,从另一个侧面来丰富画面的含义,产生一种潜台词,形成更加强烈的审美享受。或者有意识造成对立和差异,从而调动观众的联想、思考,使观众体味到其中包含新的意义和潜台词,达到对比、象征、隐喻、比附等艺术效果。

声画对立在影视作品中经常应用,在著名导演斯皮尔伯格执导的《辛德勒的名单》中,有一段犹太人被脱光衣服检查的场景,一边是犹太人被像畜生一样对待,一边则是留声机放着优美的音乐,声音与画面形成强烈的冲突和对比,来展示纳粹对于人权的践踏,将他们的残忍和虚伪的性格表达得更为强烈。

3. 静默

静默,即无声,指在有声影视作品中,所有的声音突然消失而产生的一种特殊的艺术效果。在影视作品中通常作为恐惧、不安、孤独、内心空白等心情和气氛的烘托。静默与声音在情绪和节奏上形成鲜明的对比,增强画面强烈的情绪感染力,例如生命静止时的静默,给观众以震撼的感情冲击。在港台电影《听说》开始部分,有短暂的静默,营造一种孤独、寂静的感觉,然而这种方式不能在一个作品中反复应用,不然就降低了作品的艺术感染力。

2.5 声音制作和剪辑原则

1. 声音组合要突出主次

在影视作品的一些场面中,会同时出现多种声音,这种声音组合即是几种声音同时出现,产生一种混合效果,用来表现某个场景,如嘈杂的集市、繁华的街道等。一个场景中尽管可以容纳多种声音,但在同一时间内,只能突出一种声音,根据要表现的主题选择重点的声音,作为影视作品当前片段的主旋律,此时,需要防止背景声音过大,对白不突出等现象。

影视作品中的各种声音,运用时要注意突出变化和重点,避免声音运用的单调堆砌和重复。在运用一种声音时,首先确定声音的表现力及声音的表现范围,使画面中不同声音的出现主次清晰、真实自然,增强声画结合的表现力。

2. 声音的过渡要自然

声音的转换过渡在影视作品中常见于推进情节的发展、情绪的转换以及不同气氛的营造,但不同的声音在转换时需要注意自然的过渡,转换的过程中要能够给人一气呵成的感觉,避免声音突然出现给观众造成突兀。

声音自然过渡可以选择音调和节奏近似的声音,转换比较顺畅;或者采用声音的淡入淡出方式过渡,利用无声转场实现声音的过渡。

3. 保证声音的真实再现

为避免拍摄时噪声过大,影视作品的声音往往不使用同期录音,而采用后期配录,配音时要注意对白与环境音响之间的比例,保证对白的清晰度及环境的真实性。

对白配音需要注意保证声音与画面中口型的高度一致,配音演员的音色、音质要与角色的性格相符,情感要符合故事情节的需要,并且注意在配音时,配音演员要注意画面中角色与镜头距离之间的变化,必要时要做出和画面中角色一样的动作。

4. 音乐的使用要讲究时机

音乐的编辑和使用首先要考虑音乐的风格,轻快、清新的音乐可以帮助画面带给观众青春洋溢的感觉,缓慢、低沉的音乐可以加重画面情节带来的伤感。其次要注意音乐插入的时机,剧情的转折点出现时,音乐随之响起,可以很好地推进剧情,个别作品没有仔细考虑过配乐的使用,在不该有音乐的地方加上了音乐,不但没有达到音乐的渲染效果,反而令观众感到突兀,破坏了画面带给观众的情绪。还有一点需要注意的是,音乐的编辑最好能保证音乐的完整性。

习题

1. 分别阐述人声、音乐、音响在影视作品中的作用。
2. 声音和画面有哪 3 种结合关系,分别什么情况下使用?
3. 简述声音制作和剪辑时所要遵循的原则。

第 3 章

音频素材制作软件简介

本章导读：

随着数字音频技术的不断发展，越来越多的音乐创作、声音处理需要依靠计算机强大的计算能力来完成，而各种处理音频信息的计算机软件也使音频的制作更加灵活和丰富多彩。

本章主要介绍几种常用的音频素材制作软件的功能及其特点，使读者对此类软件有一个初步的认识。

数字音频是一种利用数字化手段对声音进行录制、存放、编辑、压缩或播放的技术，其本质是对现实世界的声音做直接采样得到数字化的数据，即对声音波形的记录。数字音频编辑软件可分为两种：一种是音源软件，主要针对数字音乐创作而言。它是一种可以用来产生和模拟各种乐器或发声物的应用软件。音源软件中最核心的是音序器，其主要作用是把音乐元素或事件进行系列或序列编程。另一种软件是音频编辑软件，可以完成对声音的录音、剪辑、混音合成、特效处理。随着数字音频处理软件功能的不断发展与增强，许多软件已经同时具有这两种功能。

3.1 人声转换软件

人声转化软件的运行原理是通过改变输入声音频率，进而改变声音的音色、音调，使输出声音在感官上与原声音不同。每个人的声音不同，源于每个人的音色和音调不同，人们所说的男中音、男高音，就是音调的不同，而即便音调一致，依然能区分出不同人或不同乐器的声音，这就是音色的不同。变音软件，正是借助对声音音色和音调的双重改变、复合，实现输出声音的改变。

AV VCS 是一个很有意思的变声工具，可实时对声音进行处理，自带 100 多种高品质的男声和女声发音和丰富的声音特效，对一般的聊天室、网络电话、聊天程序和视频会议软件都有不错的兼容性。

下面简单介绍一下 AV VCS 3.0 的操作。

打开 AV VCS 3.0 可以看到操作界面，如图 3-1 所示。单击“话筒”按钮 开始接收声音,但还没有开始录制过程。录制之前单击  按钮选定输出的变音效果,其中有多种多样的男声、女声可供选择,如图 3-2 所示。还可以单击 按钮来选择场景音效,其中包括山洞、大厅、山谷、水下等多种选项,如图 3-3 所示。

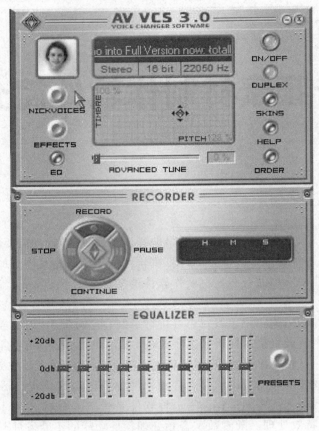

图 3-1　AV VCS 3.0 界面

效果设置完成后开始录制,录音面板操作简单,如图 3-4 所示。单击 RECORD 按钮开始录制。录制完成后单击 STOP 按钮结束录制。进入保存界面,选择好保存路径保存文件。如图 3-5 所示。

AV VCS 3.0 默认将文件保存为 WAVE 格式的文件。

图 3-2　变音选项

图 3-3　场景音效选项

图 3-4　录制面板

图 3-5　选择保存路径

如果对现有的音效不满意还可以通过均衡器面板来调整输出的声音效果，如图 3-6 所示。单击  按钮可以隐藏/显示均衡器面板使界面更简明。

注意：在录音时最好保持周围环境的安静，降低噪声的干扰；同时建议录制时戴上耳机，因为软件会在录制时同时输出变好的声音，如果不戴耳机会产生噪声对录音造成干扰。

图 3-6　均衡器面板

3.2　音频合成处理软件

音频合成处理软件可以使用户更直观地看到声音的波形，从而更精确地操作声音。软件中集成的多种功能以及多样的扩展性可以让用户制作更复杂、丰富的音效而不受硬件的限制。下面介绍一些常用的音频合成编辑软件。

1. Cubase 和 Nuendo

Cubase 和 Nuendo 同是德国 Steinberg 公司所开发的全功能数字音乐、音频工具软件。它们在 MIDI 音序功能、音频编辑处理功能、多轨录音缩混功能、视频配乐以及环绕声处理等方面均非常出色。

Cubase 系列软件可以同时对多个音轨进行编辑，每个音轨上还可以添加不同的音效；支持多种不同格式的声音文件；强大的录音功能，支持多音轨同时录音；内置上百种 MIDI 接口和音频 loop，使其拥有不俗的可扩展性。Cubase 系列软件从最早的 Cubase VST，到 Cubase SX，再到如今最新的 Cubase 7 ，一直保持着优秀的品质，并不断创新。Cubase 系列软件可以在多种操作系统上运行，包括 Windows XP、Windows 7（32 位和64 位操作系统），还支持苹果公司的 Mac OS X 操作系统。

　　Cubase 7(图 3-7)是 Steinberg 公司推出的最新版的音频合成处理软件。Cubase 7 相比之前的版本拥有了新的混音台界面,新增的许多功能也使得 Cubase 更加音乐化,也为用户在音乐、音频制作过程中的安全性和便利性提供了新的解决方案。Cubase 7 有两个版本,一个是完整版,一个是 Artist 版本,同时在 Cubase 7 完整版中加入了下一代声音引擎的环绕声功能。

　　Nuendo 系列软件和 Cubase 主要功能基本相同,但是 Nuendo 的功能更全面,主要体现在视频配乐、网络协作、多声道制作和批量处理等方面。Nuendo 可以导入、导出视频格式的文件;可使音频与视频文件同步;支持 6.0、6.1、7.0、7.1、8.0、8.1、10.2 通道的环绕声;具有优秀的批处理功能和更好的采样率转换质量。

　　Nuendo 6(图 3-8)是 Nuendo 系列的最新版本,它调整了原有的混音台界面,变为了独立的编辑窗口,增加了大量的可见图标以及拖放功能,可以快速地进行重要功能的编辑。其新特性如下。

图 3-7　Cubase 7

图 3-8　Nuendo 6

　　(1) 增加了新的混音台模块。

　　(2) 扩展了可见通道管理。

　　(3) 拥有可见通道设置(View Set)和区域(Channel Zones)设置。

　　(4) 动态发送和插入效果器。

　　(5) Quick Link 系统为 FX 效果、group/FX 通道和通道条而设计新的预置形式。

　　(6) 添加了自定义轨道图标。

　　(7) 整个混音台内支持拖放功能。

　　Cubase 和 Nuendo 软件可以跨越 Windows 和 Mac 两大平台,并且不受硬件的限制;同时兼容 VSTi 虚拟乐器插件,VST/DX 虚拟效果器插件,使其具有良好的扩展性,使用户具有更丰富的资源和更多变的组合形式。

　　2. Cakewalk

　　早在 20 世纪 90 年代,Cakewalk 软件就开始崭露头角,是最早进入我国的音频合成处理软件之一。早期,它是专门进行 MIDI 制作、处理的音序器软件。Cakewalk 3.0 版本已经可以比较完善地支持 MIDI 功能的扩展,后来不断地推出 Cakewalk 的其他版本,虽然增加了许多新的功能,但主要特色还是在它的音频部分。进入 21 世纪后 Cakewalk 9 更名为 Sonar。Sonar 支持 WAV、MP3、ACID 音频、WMA、AIFF 和其他流行的音频格式,并提供所需的音频处理工具。Cakewalk 具有 MIDI 制作和音频录音、混音功能,是一个综合性的音乐工作站软件。

　　Cakewalk 有多个版本,目前最高版本是 Cakewalk Pro Audio。此外还有一些简化了功能的型号。Cakewalk Pro Audio 的 MIDI 功能十分完备,可以支持各种专业的 MIDI 硬件。它具有出色的音频编辑功能,而且还能进行视频配音配乐工作。Cakewalk 自带有一系列完备的音频效果器,如均衡效果器、混响效果器、合唱效果器、动态效果器等。它也支持第三方的 DirectX 插件式效果器。音乐工作站的未来发展方向是 MIDI、音频、音源(合成器)一体化制作。最先实现这个方式的是 Cubase 软件。Cakewalk 经过了进一步的研发,于是推出了新一代的音乐工作站 Sonar。Sonar 在 Cakewalk 的基础上,增加了针对软件合成器的支持功能,并且增强了音频功能,使之成为功能较全面的音乐工作站。

　　Sonar 也在不断地改进和创新,最新版本的 Sonar X2 功能及性能上又有了不小的进步。Sonar X2(图 3-9)其主要特性如下。

　　(1) 内置 R-MIX 频谱处理软件。

　　(2) 调音台总线内置模仿经典老调音台的效果器,3 个算法模式。

　　(3) 内置 BREVERB SONAR 版混响效果器。

　　(4) 可自定义 clip 音频片段的样式。

　　(5) 独立的 automation 显示条。

　　(6) 全新的 clip 音频片段界面和音轨界面。

　　(7) 新的 automation 画线方式。

　　(8) 新的时间显示界面和琶音器界面。

　　(9) 支持 Windows 8 系统,支持触摸屏幕操作,支持基础的多点触摸。

图 3-9　Sonar X2

　　(10) 改进的安装体验,增加在线帮助系统。

　　(11) 模块化的 ProChannel,并增加效果器链。

　　(12) 支持 64 位的 ReWire。

　　(13) 支持 MusicXML 格式的导出,支持导出音频到 SoundCloud。

　　(14) Matrix 增加导出到音轨的 MIDI 通路选择,改进界面。

3. Adobe Audition

　　Adobe Audition 是一个专业音频编辑处理软件,原名为 Cool Edit Pro,被 Adobe 公司收购后,改名为 Adobe Audition。

　　Adobe Audition 1.0 版于 2003 年 8 月 18 日发布。这个版本没有新功能,是更名版的 Cool Edit Pro。随后 Adobe 公司在 2004 年 5 月释出了 Audition 1.5 版;在第一版基础上的主要改进包含音高校正,频率空间编辑,CD 专案检视,基础视频编辑和与 Adobe Premiere 集成,还有一些其他功能的增强。

　　Adobe Audition 2.0 版于 2006 年 7 月 17 日发布。此版本 Audition 加入了专业的数字

音频工作站市场。新功能包含 ASIO(音讯流输入输出)support,VST(虚拟工作室技术)支援,新的控制工具,重新设计的使用者接口。同时 Adobe 将 Audition 2.0 版作为 Creative Suite 2(Adobe 公司图形设计、影像编辑、网页设计软件套装)应用套装程序的一部分。Audition 随后的版本停止了打包进 Creative Suite,取而代之的是提供给家庭和半专业用户的 Adobe Soundbooth。

Adobe Audition 3.0 版于 2007 年 11 月 8 日发布。新功能包含 VSTi(虚拟乐器)支持,增强的光谱编辑,重新设计的多音轨使用者界面,新音效和一些无须支付技术使用费的循环片段。

Adobe Audition 第 4 版在 2011 年 4 月 11 日作为 Adobe Creative Suit 5.5 中替代 Soundbooth 的一个组件发布。它可以运行在 Windows 和 Mac OS X 操作系统上。

Adobe Audition CS6 是目前最新的版本,加入了大量主流功能,包括 Cubase 的 VST3、高清视频支持等,如图 3-10 和图 3-11 所示。主要的新功能如下。

(1) 更快更精确的多轨编辑,改进了文件预览、音频块定位、音频美化、文件共享等。

(2) 多轨窗口的直接音频拉伸。

(3) 自动对白对齐。

(4) 支持 Mackie 控制协议与 Avid Eucon 协议。

(5) 光谱音调窗中可以直接纠调。

(6) 高效的工程文件管理系统。

(7) 更丰富的输出选项。

(8) 支持 ITU BS. 1770-2 响度标准建议。

图 3-10　Adobe Audition CS6

图 3-11　Adobe Audition CS6 界面

（9）支持高清视频回放，无须转码（支持 59.94 帧视频）。

（10）新增 4 个效果器：Generate Tones、Graphic Phase Shifter、Doppler Shifter、Notch Filter。

（11）增强了效果器路由功能并增加了对 VST3 标准的支持。

（12）独立的数据与 Maker 管理面板。

（13）支持更多音视频格式：FLAC、OGG、HE-AAC、WMA、MPEG-1 Layer 2、RAW。

（14）进一步改进音频批处理功能。

4. Samplitude

Samplitude 是由德国著名的音频软件公司 MAGIX 出品的 DAW（Digital AudioWorkstation）"数字音频工作站"软件。它集音频录音、MIDI 制作、缩混、母带处理于一身，功能强大全面。

Samplitude 是优秀的多音轨音频软件之一，早在 2003 年 Samplitude 7.2 专业版时，它就支持同时编辑 999 个音轨，每条音轨可以添加 999 种特效器。2009 年推出的 Samplitude V11 更是拥有无限个音轨。Samplitude 支持各种格式的音频文件，能够任意切割、剪辑音频，自带有频率均衡、动态效果器、混响效果器、降噪、变调等多种音频效果器，能回放和编辑 MIDI，自带烧录音乐 CD 功能。MIDI 控制工具使得软硬件合成器整合使用得更加容易；多功能编辑器，可以平行显示及处理 MIDI 控制信息；套鼓编辑器包括矩阵，单元编辑功能，还有图形力度编辑功能，并可结合套鼓分配管理器来使用，因此可以让用户随心所欲对你的套鼓音轨进行编辑分配。

最新版的 Samplitude Pro x 除了沿袭以前版本的特性外，在功能上又有了新的创新。可支持外部硬件控制器的音轨指定穿入录音，重混/切片功能（用于节奏音轨对象的自动剪切及自动循环），优化效果处理，全屏视频输出（支持 16：9 模式）。

如今 Samplitude 分为 Samplitude Pro x 和 Samplitde Pro x suite（包含扩展音色）两个版本。

Samplitude Pro x（图 3-12）的主要特性如下。

（1）增加了轨道层功能和支持边录音边剪辑。

（2）可扩展的 automation 轨和 object automation，当然也包括 master 部分的 automation。

（3）直接在音轨里写任何参数的 automation 曲线，数量无限。

（4）直接在 mater 轨里编辑音量、EQ、VST 参数的 automation 曲线。

（5）直接在 Object 里写音量、EQ、辅助输出、VST 参数的 automation 曲线。

（6）更新了降噪修复工具，包括 Declicker/Decrackler、Declipper、带向导的 DeNoiser。

图 3-12　Samplitude Pro x

（7）全新的母带处理工具，包括超级高质量高精度的移调和时间伸缩。

（8）Overview 全景模式可使用户看到工程里的所有 Object，更清楚，更简洁。

（9）新的 Analog Modelling Suite 效果器：am-munition。

（10）多段压缩器带有高级模式，可自由分配旁链（Sidechian）通路。

(11) 可自动识别出音频电平瞬间的变化,来做音频的量化(切片+时间伸缩)。

(12) 增加了 Yellow Tools 的采样器插件 Independence LE。

(13) 可显示出所有输入输出端口的声音通路连接方式,也就是 Matrix IO。

(14) 可以用"Shift+单击音轨"的方式一次性选择一个音轨发送给多条音轨。

(15) 可录制视频(Sequoia 独有功能)。

(16) SMPTE 音频同步(Sequoia 独有功能)。

(17) 工程文件最大可以到 168 小时。

5. Logic Pro

Logic Pro 是一款 Mac 平台的数字音频工作站与 MIDI 音序器软件。Logic Pro 最早由德国软件开发商 Emagic 开发,并随着 2002 年苹果公司对 Emagic 的收购而成为苹果公司的产品,并作为苹果的专业级音乐软件套装 Logic Studio 的一部分。

Logic Pro 提供软件乐器、合成器、音效和录音工具,还支持 Apple Loops 专业录制的乐器乐句循环。音效包括失真、Dynamics processors、Equalization Filters 和 Delays。Space Designer 插件可以模拟各种不同的声学环境,例如尺寸变化的房间,或产生在高山里能听到的回声。Logic Pro 能够与 MIDI 键盘和控制器协同工作(输入和输出)。

早期的 Logic 分别有 Windows 系统和苹果 Mac 系统两个版本,从 Logic Pro 6 起苹果公司不再发行 Windows 版本的软件。Logic Pro 7 中整合了 Apple Loops,并加入了分布式音频处理技术,即利用网络上的多台计算机同时处理同一任务。加入了 3 个新的工具[包括雕塑(声音建模合成器)和 Ultrabeat 的(鼓合成器和音序器)]、9 个新的效果插件[包括 Guitar Amp Pro 的(吉他放大器模拟器)]和一个线性相位修正版本 6 声道参量均衡。总体而言,Logic Pro 7 包括 70 效果插件和 34 乐器插件。2007 年 9 月发布的 Logic Pro 8 成为了 Logic Studio 的套件 Logic Pro 不再是一个单独的产品。2009 年 7 月 23 日 Logic Pro 9 发布。主要的新功能包括 Flex time,苹果公司采取"弹性"音频,允许音频量化。2011 年 12 月 9 日,苹果公司宣布,Logic Pro 9 的工作室将不再提供 DVD,只会通过 Mac App Store 的销售。

Logic Pro X 于 2013 年 7 月 16 发布,此版本中的新工具是"鼓手",虚拟会话播放器,自动播放歌曲在各种各样的击鼓风格和技巧以及 Drummer,相当于录音间距编辑的 Flex Time。重新设计的键盘和合成器都包括在内,连同新的节拍器、和弦的琶音器。此外,Logic Pro X 中提高了轨道的组织,输出文件现在与 MusicXML 格式兼容。Logic Pro X 允许同伴的 iPad 应用程序远程无线控制自己的设备,包括"触摸乐器"播放和录制软件工具以及工具完成基本的编辑和混合。由于此版本只在 64 位模式下运行,Logic Pro 中的 32 位插件不再起作用。

3.3　音源制作软件

音源总共分为两大类。第一类是硬件音源,呈现方式以电子乐器最为常见,内部硬件拥有庞大的声库支持,一般来说拥有市面上较好的音色采样,但是硬件音源需要大笔的资金投入。经典的硬件音源 Roland XV-5050(图 3-13)。第二类是软件音源,此类音源要在计算机上的 MIDI 界面运行,有些需要有宿主软件的支持,可作为音频工作站的插件。插件又分为两种，音源插件和效果器插件。在 Cubase 中，音源插件被称为 VSTI（Virtual Studio Technology Instruments），效果器插件被称为 VST（Virtual Studio Technology）。在 Sonar 中，音源插件被称为 DXI（DirectX Instruments），效果器插件被称为 DX（DirectX）。软件音源包含各种各样的音色和节奏，如吉他、BASS、钢琴、电子音色等，下面首先介绍一些音源软件中的综合音源。

图 3-13　Roland XV-5050

1. Hypersonic 2.0

Hypersonic（图 3-14）是 Steinberg 公司出品的综合音源，包含钢琴、键盘、管弦乐器、鼓、打击乐器、吉他、贝司、鼓声循环等在内的所有现代和古典乐器或声源，Hypersonic 带有 5 种合成引擎：多重采样合成、模拟合成、FM 合成、波表合成、滚动波形 Loop 合成（Sliced Wave Loop Synthesis），可以让用户直接对声像、输出通道以及每种音色的电平进行全面的控制和调整。

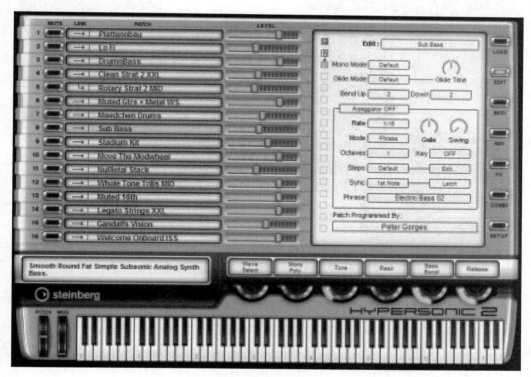

图 3-14　Hypersonic 2.0

2. Halion 系列

Halion 音源软件带有 1000 个预置音色,100 个组合音色,70 套鼓组,2560 个用户自定义音色。采样音色在不压缩的情况下足有 260MB,音色的总容量接近 600MB。复音数达到了 1024 个。可支持高达 32bit/96kHz 采样回放能力,每个乐器实例中都有 256 个声音,并且可以同时加载 3~5 个,在音色项目选择中的多音色独立编辑器拥有 16 种方便快捷的编辑手法,每个乐器例子中有 128 种音色项目,每个音色项目里都含有不同的层数,每个采样都可以独立设置参数,建议只在使用打击乐时才使用此功能,切片、高通滤波、低通滤波以及高速滤波效率可以与经典的 WALDORF 系列滤波器相媲美。可直接控制两个同步发生器,最高达到 32 个同步点设置。32 阶的琶音器功能和 2 个低频振荡器,都可以与 CUBASE 或 NUENDO 同步使用。键盘区域编辑功能可以将采样、力度、采样分层等功能直接拖曳并自动分配到键盘上。

最新版本的 Halion 4(图 3-15)采用了 Steinberg 的声音采样引擎。同时,它包含多达 15GB 的分类齐全的音色库,还加入完整的 Halion Sonic 的声音采样,有 1600 个出厂预设可供选择。同时它也支持所有当前主流的采样格式,可以在支持 VST 与 AU 的宿主软件中运作,且能与 32 位及 64 位的 Windows 7 和 Mac OS X10.6 操作系统兼容。

图 3-15　Halion 4

3. Groove Agent

Groove Agent 是 Steinberg 出品的虚拟鼓手 VST 乐器。Groove Agent 带有大量的世界著名鼓音色和风格套子,有些是在 Genuine Studio 原音录制的。超过 50 种乐器型,每种都有自己的鼓节奏型和 pattern。可以很轻松地混合各种节奏,所有声音均为 24 位,大部分都由真实打击乐录制,所有参数都可以自己调节,并储存。

Groove Agent 3(图 3-16)虚拟鼓手的第三代版本,它较之前的版本做了很大的提升。Groove Agent 3 在之前版本的 Classic Agent 引擎的基础上又新增了两个部分:Special Agent 和 Percussion Agent。Special Agent 给用户带来真实的录音室鼓手以及全新的原声套鼓,而 Percussion Agent 则更专注于激情焕发的打击乐 Groove 和节拍。在新的 Dual 模式下,可以从这 3 种 Agent 中选择任意两个组合使用,来创造虚拟鼓和打击乐的声音工程。

图 3-16　Groove Agent 3

4. Sculpture

Sculpture (图 3-17)是一款独特的物理建模乐器,可以生成其他合成器无法实现的音效。可以再创振动材料的声音,如木头、玻璃、尼龙和金属。

可生成多种乐器非同一般的创意振动声,包括弦乐器、排钟、钟琴以及其他乐器。可以将乐器的虚拟主体变成从吉他到大提琴、长笛等多种乐器。控制乐器的拉奏、弹奏或者其他演奏方式。使用 X/Y 垫在不同材质之间转换。使用整套调制参数制作出灵动和不断变化的声音纹理。如果想要完全出乎意料的声音,可以使用 Sculpture 专门提供的设计独特的声音设计选项。

图 3-17   Sculpture

5. FL Studio

FL Studio 简称 FL，因其标志像水果因此我们习惯称它水果，如图 3-18 所示。FL Studio 首先提供了音符编辑器，编辑器可以针对创作者的要求编辑出不同音律的节奏，如鼓、镲、锣、钢琴、笛、大提琴、筝、扬琴等任何乐器在音乐中的配乐。其次提供了音效编辑器，音效编辑器可以编辑出各类声音针对在不同音乐中所要求的音效，例如各类声音在特定音乐环境中所要展现出的高、低、长、短、延续、间断、颤动、爆发等特殊声效。此外还提供了方便快捷的音源输入，对于在创作中所涉及的特殊乐器声音，只要通过简单外部录音后便可在 FL Studio 中方便调用，音源的方便采集和简单的调用造就了 FL Studio 强悍的编辑功能。

图 3-18   FL 图标

FL Studio 本身也可以作为 VSTi 或 DXi 的插件，用于 Cubase、Logic、Orion 等宿主程序。FL Studio 包括原来的 Fruity Loops 软件的所有功能。

FL Studio 的使用简单，下面以 FL Studio 制作鼓点为例来简要介绍其操作流程。首先打开 FL，可以看到它的操作界面，如图 3-19 所示。界面左上方为菜单栏，可以完成包括文件的操作、编辑、预览、选项的设置、工具的选择等功能。右上方为功能快捷键（图 3-20），方便使用者快速的完成操作。

完成鼓点制作首先要新建一个文件，选择菜单栏 FILE→New 选项，如图 3-21 所示。

图 3-19　FL 操作界面

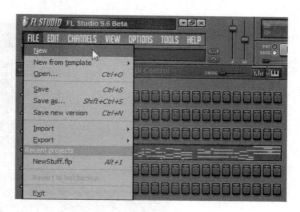

图 3-20　快捷功能键

图 3-21　新建文件操作

新建完毕后选择右侧菜单中 FL Studio 自带的鼓点 BeepMap 中的效果，拖放到操作窗口中，如图 3-22 所示。

图 3-22　添加打击效果

需要添加的效果选择好以后,只需要单击其后面的方向按钮(图 3-23)就可以使这些效果按照不同的时间间隔发出声音,从而实现不同的打击效果和节拍。

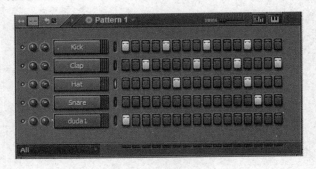

图 3-23　完成鼓点

完成之后对文件进行保存,FL Studio 可以把文件导出为各种不同的格式文件,如图 3-24 所示。当然还可以导入已有的声音文件并对其进行编辑、修改。

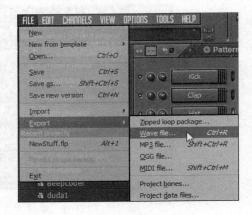

图 3-24　文件导出

习题

1. 使用 AV VCS 3.0 变音软件,利用其中不同的男声、女声发音,录制一段对话,并保存下来。

2. 使用 FL Studio 音频编辑软件制作一段有自己特色的鼓点,并导出 MP3 格式的文件。

3. 选择一款自己喜欢的数字音频工作站软件,了解其最新的发展及其特点。

音频作品制作的一般流程

本章导读：

一部完整的影视作品或游戏中的人声、音乐、音响制作需要一步一步地按照步骤来进行，其制作的一般流程包括作品规划、音频设备准备、音频录制与采集、音频后期编辑、音频合成录制，以及评价、修改。本章简要介绍音频制作的步骤。

一部完整的影视作品或游戏中的音频是由许多不同元素组成的，可分为人声类、音乐类及音响类。它们在整部作品中穿插出现贯穿于整部作品，并且与其他元素相互配合形成一个整体的风格。因此音频的制作更需要相互协作，各部分所需的设备、素材、人员都需要提前准备，安排好时间，使整个制作过程分阶段、有条不紊地进行。对提高工作效率和工作质量都尤为重要。

4.1 作品规划

音频制作需要创作构思，无论是在影视作品还是游戏当中声音都是重要的信息载体，作为声音的制作人员不能打无准备之仗，因此，完成整体的音频结构构思是一个好作品的重要保障。

作品规划主要指在音频制作前，对音频数量、类型以及需求场景上的分析。音频设计需要与剧本或是场景相统一。

首先需对影视作品或游戏的剧本和背景有深刻了解，在宏观上进行把握。例如，战争题材的作品那么声音类型的选取要偏气势磅礴、雄浑壮阔；如果是爱情题材的就要偏婉转悠扬；如果是喜剧就要多些轻松欢快的旋律；如果要表现悲情音乐的就要以低沉为主。总之音频需要与作品的格调相统一。

具体到各个场景，要考虑叙事角度，主观的角度（第一人称）、客观的角度（第三人称）或是多角度交替出现。不同的角度采用的声音也有不同；还有叙事方式的考虑，包括顺序、倒叙、插叙等方式。在声音的运用上要加以区别用不同的生效突出其特点。声音的运用和处理包括声音的大小、声音的长度、声像的位置以及声音的距离都需要符合各场景的特点。

在声音的运用上要注意体现真实性、表现主题的思想性、要突出作品的独特性还要保证作品中声音的整体性保持前后的统一。

人声的规划,主要是语气、口吻和节奏的控制。设计规划时切忌千篇一律,要在节奏、语调、音高、音量上有各自的特点,完成表达情感、推动情节发展、突出人物性格的作用。

音乐规划要综合语言和音效来考虑,在使用时要能够烘托气氛、刻画形象、抒发感情,与音效结合使用时要与场景融合。

音效的规划,主要注重营造现场感和增强感染力。分为动作音效、环境音效和情绪音效。优秀的音效设计可以使场景更加真实,情节更加引人入胜,增强节奏感。

声音的规划决定了作品的基调,是一部作品重要的组成,但不是一成不变的,通过后续的加工与修改,也将进一步的完善。

4.2 素材采集

按照音频素材类别以及作品需要的不同,采集的方法也不同。通常通过录制、拟音等方式采集素材,随着网络技术的发展,各种素材网站提供了大量的免费音频素材,为音频创作者提供了丰富的资源,详见 5.1 节。

对于原创的素材,其中包括人声类的对白、解说词等都需要配音演员进入录音棚录制。当然如果条件受限,只要保证录制时周围环境的安静,运用计算机、手机等设备也可以进行录制。在 5.2 节详细介绍了录制的方法以及常用的工具。

拟音技术广泛应用于音频中。拟音是通过人工手段模拟并且录制特定类型的音频效果声。在互联网上也可以找到许多免费的拟音特性素材,如刀剑声、风声、雨声等。随着计算机音频软件的发展,直接运用音频软件合成音效也可以得到很好的效果,如美国电影《环太平洋》中使用的怪兽的嘶吼声,传统的拟音手段模拟虚构的怪兽吼声比较困难,运用音频软件合成拟音的方法可以比较轻松地完成,通过采集地球现存的体型庞大的生物的叫声标本,分析声谱,再运用音频软件合成,最后创造出震撼又逼真的吼声。在 5.3 节较为详细地列举了常见的拟声工具和制作方法。

4.3 后期制作

素材准备好以后,还要对其进行一系列处理,使其达到更好的效果。

1. 音频编辑

音频素材在制作过程中都涉及录制的问题,也不可避免地存在一些噪声。如果这种噪声影响到主要声音的效果,尤其是原创音频文件,由于条件限制,录制时不可避免地会出现噪声,这就需要对其进行降噪技术处理。本书以 Audition CS6(图 4-1)为例详细介绍降噪操作。此外还需要对素材进行音调均衡(图 4-2),使音调的高低特点突出,符合场景需要。

2. 声音合成

很多音频都不是单一的元素,其中可能同时包括人声、音乐、音效等多种元素,这就需要对多个元素组合,即对多个音轨合并(图 4-3)。这个过程不仅仅是简单的合并,还要考虑到各个元素出现的位置,以及各元素之间的均衡问题。

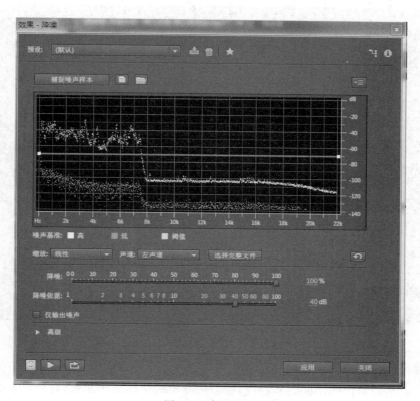

图 4-1　降噪界面

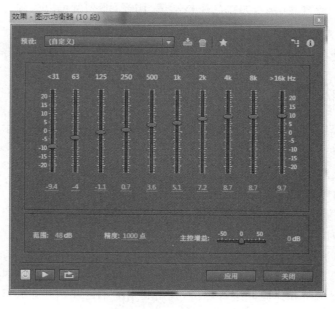

图 4-2　均衡器界面

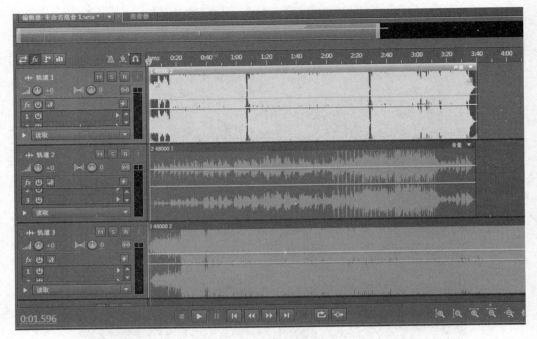

图 4-3 多音轨操作

3. 后期处理

后期处理是对整部作品的整体把握,整合作品中的全部音频元素,对所有音效进行统一处理,最终达到融合的过程。修改一些音效在听觉上的偏差,增强声音的感染力与辨识力。根据作品需要进行整体的调整,如作品风格活泼、阳光,那么就可以去除一些低频音,配合作品的整体风格。

本书将在后面章节以 Audition CS6 为例,详细介绍音频处理的技术手段。

4.4 评价修改

评价作品中的音频首先要对音质进行评估,音质的评价主要涉及以下要素。

(1)声音的明亮度:高、中音充分,明朗、活泼。

(2)声音的丰满度:中低音充分、高音适度,响度适宜,富有弹性。

(3)声音的清晰度:声音层次分明,清澈见底。

(4)声音的平衡度:各声部比例均衡,左右声道一致性好。

(5)声音的力度:声音坚实有力。

(6)声音的真实感:保持原有特点,无失真。

音质的优劣直接影响到音频作品的表现效果,除此之外还要从整体风格、段落结构等方面对音频作品进行试听和体验并进行评价,找出其中的不足或是差强人意的部分加以修改,使音频作品中的人声、音乐、音响等各部分协调统一。在修改过程中也可以加入更好的创意,按照评定的意见,进一步修改、制作、编辑、合成、调整音频素材,不断完善原有的设计,使其达到理想的效果。

习题

1. 简单叙述音频制作的一般流程。
2. 在互联网上寻找几个好的音频素材网站,并把这些网站介绍给其他同学。
3. 找一部自己喜欢的游戏,并对其中的音频部分进行评价。

第 5 章

素材的采集

本章导读：

本章介绍数字音频素材的采集方式，主要包括：使用互联网获得已有的音频素材；根据个人的需要录制音频素材；使用拟音工艺来制作音频素材。

要完成音频的编辑和处理，首先要有合适的音频素材。在日常生活中，声音充满着人们的周围世界，这些声音都可以成为音频素材。而要获取这些音频素材的方法和手段也是多种多样的，本章主要介绍 3 种常用的素材采集方式。

5.1 音频的下载

伴随着互联网技术的不断发展，如今庞大的互联网资源库，是不可忽视的获取音频的重要途径。在互联网上可以看到各种各样的音频资源库，其中不乏大量的免费资源库。在搜索引擎里输入"音频素材"，就会出现大量的免费音频资源库，例如数码资源网（图 5-1）、新CG 儿网（图 5-2）等很多网站都提供免费音频资源共享。在获取这些免费的音频资源时，一部分网站面向所有访问者提供免费素材；一部分网站则是需要访问者注册成为网站用户后，才为用户提供免费享有音频资源的权限。

音乐播放器软件已经成为各种类型的计算机的装机必备软件，给人们提供音乐享受的同时，也可以帮助人们获取音频素材。绝大多数的音乐播放器软件都提供了音频共享的功能。例如，酷狗音乐（图 5-3）就提供了音频下载的功能，单击音频后面的按钮 ↓ ，就可以获得免费的音频素材资源。

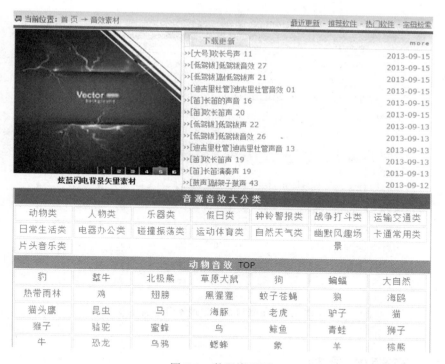

图 5-1　数码资源网

图 5-2　新 CG 儿网

图 5-3　在酷狗音乐中搜索背景音乐

5.2　音频的录制

5.2.1　数字录音设备

数字录音设备依据其存储介质进行分类,可分为磁带式数字录音设备、小型磁光盘数字录音机、硬盘录音机、数字音频工作站、数字音频网络系统、数字录音笔和声卡。

1. 磁带式数字录音设备

磁带式数字录音设备(DAT)是以磁带作为载体,采用类似于录像机的旋转式磁头系统,音频数据无压缩。优点是保真度高,记录时间长,便于流动使用。缺点是容易磨损,机械结构复杂,剪辑和快速搜索不方便等。因此磁带式数字录音设备适用于录制母带。

2. 小型磁光盘数字录音机

小型磁光盘数字录音机(MD)是以磁光盘作为载体,记录时采用刺头和光头共同作用,播放时只用光头读取。采用 ATRAC 压缩技术。优点是磨损少,编辑、剪辑和搜索方便,抗震性好,价格相对便宜,使用于录制各类音频,因此目前被广泛使用。缺点对录制的音频进行了数据压缩,人耳还是能听出音质上的变化。

3. 硬盘录音机

硬盘录音机是以硬盘作为载体,带有小型调音台及一些效果模块,通常是作为多轨录音机使用。优点是编辑、复制、搜索非常快速,功能强大,应用灵活,具有音频工作站的一些功能,且相比价格低。缺点是对硬盘的存储量要求较大。

4. 数字音频工作站

数字音频工作站(DAW)是目前较尖端的数字录音设备,是将计算机、硬盘录音机、数字调音台和数字音频处理器结合为一体的产物。数字音频工作站可以将数字音频信号像计算机中的文件一样进行编辑、复制、存储和传输,通过屏幕显示器更直观地对数据波形进行操作,可以对音频文件进行各种加工和特殊处理,如延时、混响、镶边、压缩、限幅、扩张、噪声门及均衡等功能,是目前功能最强大的数字录音设备。

5. 数字音频网络系统

数字音频网络系统是数字音频工作站的扩展,将每个音频工作站作为一个网络用户,再辅以必需的管理站、播出站等,就可以建立起数字音频网络系统。在数字音频网络系统中,音响、音乐资料完全可以从网络上的服务器或资料库里调用,实现资源共享,音频资源在录制工作站上做完后可以直接上传到服务器里,经编辑审编后,由播出工作站播出。网络除了可以处理声音信号外,还可以同时传送视频和文本信息。

6. 数字录音笔

数字录音笔具有轻便小巧、方便携带等特点,同时拥有多种功能,如音频播放等。与数码录音机相比,数码录音机通过数字存储的方式记录音频。与前面介绍的磁带式、磁光盘类和硬盘类录音设备相比,数字录音笔外形小巧,轻便,携带方便,价格便宜,能够满足普通大众的使用需求。

7. 声卡

声卡也称为音频卡,是多媒体技术中最基本的组成部分,是实现声波到数字信号转换的一种硬件。严格来讲,声卡算不上一套完整的录音设备,它只有与计算机结合才能实现录音功能。声卡可以把来自话筒、录音机、激光唱片等设备的语音、音乐等声音转化为数字音频文件存盘;还可以把数字音频文件还原成真实的声音。声卡工作应有相应的软件支持,包括驱动程序、混频程序和各种音乐播放、录制和编辑程序等。

5.2.2　录制音频

使用以上介绍的多种数字录音设备就可以实现音频的录制,下面以比较贴近日常生活的录音笔录音和声卡录音为例,阐述音频录制的方法。

1. 使用录音笔录音

此处以飞利浦 LFH0642 数字录音笔(图 5-4)为例,说明如何使用数字录音设备录制音频文件。

(1) 打开电源开关。长按 ▶◦ 键,直到屏幕上出现开机动画。

(2) 使用内置麦克风录音。按 ●/Ⅱ 键开始录音。录音时,指示灯亮红灯,将内置麦克风对准音源进行录制。按 ●/Ⅱ 键可以暂停录音,指示灯闪烁,显示屏显示"PAUSE"并闪烁。再次按 ●/Ⅱ 键可以继续录音。按 ■/DEL 键结束录音。

(3) 使用外置麦克风录音。将麦克风插入录音笔的麦克风插座,并按照内置麦克风的录音程序进行录音。当连接外置麦克风时,内置麦克风将关闭。

(4) 使用 USB 数据线将录音笔与计算机相连,即可获得录制的音频文件。

图 5-4　数字录音笔

2. 使用声卡录制音频

使用计算机内安装的声卡录制音频,主要是通过计算机上安装的录音软件来实现。

Windows 系统中自带的录音机(图 5-5)作为 Windows 组件中的一部分,其使用方法简单,录制的音频文件也基本能满足需求,是在日常录音时使用的比较多的一款录音软件。下面简单介绍一下如何在安装了声卡的计算机上使用录音机录制音频文件。

图 5-5　Windows 自带录音机

　　(1) 打开录音机。在 Windows 系统的"开始"→"所有程序"→"附件"菜单中找到"录音机",如图 5-6 所示。

　　(2) 录制音频文件。连接好麦克风,调整好控制面板中的声音设备的相应设置参数,单击"开始录制"按钮,进行音频的录制,如图 5-7 所示。

　　(3) 保存音频文件。录制完成后,单击"停止录制"按钮,就会自动弹出"另存为"对话框,选择好指定的保存位置,并将音频文件命名成需要的名字,单击"保存"按钮,即可完成音频文件的录制,如图 5-8 所示。在默认状态下,录音机软件录制的音频文件会自动的被保存为.wma 格式。

图 5-6　"录音机"选项

图 5-7　录制音频文件

图 5-8　保存音频文件

除了可以使用 Windows 自带的录音机录制音频文件外,还可以使用其他多种常见的录音设备和录音软件进行音频文件的录制,这些录音设备或软件不但可以录制.wma 格式的音频文件,还可以录制多种常见音频格式的文件,如.mp3 格式的音频文件。例如,使用 MP3 中的录音功能等都可以进行录音,这些录音设备具有录音方法简单,小巧易于携带等诸多优点,但是,这些录音设备相对来说录制的音频文件质量较差,伴有大量的杂音,作为音频素材使用时,需要进行的后期处理要相对复杂一些。此外,还可以使用其他专业录音软件进行录制,如 Audition CS6 软件等,大多数音频编制软件都提供了音频的录制功能。在 8.2 节将介绍如何使用 Audition CS6 软件进行音频的录制,此处不再赘述。

5.2.3　常用音效的录制方法

录制音频文件时,相对于对话、旁白和歌曲等的录制,音效的录制是比较不容易把握的。虽然互联网上有大量的免费音效资源,但有时不能完全满足要求,此时,就需要自己动手录制音效。下面介绍几种常用音效的录制方法。

(1)赛车声的录制。赛车疾驰时发出的各种声音,在很多动漫游戏和动画片中经常会出现,由于赛车的速度非常高,如果在运动状态中进行录制,会有很大的风噪,必须做好严格的防风措施。对于赛车的拾音,主要集中在引擎、排气管、轮胎、刹车片等地方,除了引擎轰鸣声可以在车辆停止状态空挡踩油门进行拾音外,其他的大部分声音都需要在行驶时进行拾音。具体做法是:特制一些专用支架,用以牢固安装各部位的传声器,主要拾取排气管工作气流喷出的"突突"声,轮胎高速旋转时的胎噪和胎鸣,刹车时刹车盘与卡钳的摩擦声等。

(2)街道声音的录制。街景的声音构成非常复杂,包括各种交通工具发出的声音,行人步行和说话的声音,还有沿街商店发出的叫卖、交易声,为了全方位还原这些声音,可以选择 X/Y 或 S/M 制式的立体声传声器,手持或用吊杆都可以,拾音高度以与人耳相等的 1～2 公尺为宜。为了真实还原街道声音中包含的低频成分,需要选择频率特征良好的电容式传声器,并且加装防风罩。

(3)雷声的录制。雷声的能量非常巨大,发声的具体位置又不固定,因此录制雷声时,需要到远离打雷地点数百公尺之外,最好是在高层建筑的顶端或是山顶等高处,同时要做好防止雷击的准备,录音设备必须妥善接地。由于在打雷时通常伴随着下雨,因此还要做好传声器的防水,最好采用多层的防风罩。

(4)雨声的录制。雨声中的高频成分较多,因此在录制时需要选用灵敏度高、频率范围宽广的电容式传声器,并且安置在距离地面一公尺以上的支架上。雨水落在泥地、草地、水泥地、柏油路面上的声音各不相同,最好选择落在硬质地面上的雨声,尤以夏日傍晚时分的滂沱大雨声为佳。

(5)流水声的录制。流水的种类很多,从潺潺小溪到百丈瀑布,音量和音质的悬殊非常大。需要掌握的一个原则是,水的流量和音量越大,则拾音的距离越远;水的流量和音量越小,则需要抵近录音。如果采用立体声录音的方式,要注意采用哪一种立体声拾音制式和两个传声器之间的距离,AB 拾音时两个传声器之间的距离不能太远,否则会产生不真实的声相,XY 制式则不存在这方面的问题。

5.3 拟音工艺

为了充分运用声音的艺术造型能力,塑造声音艺术形象,拓宽声音设计的创作思维,可以使用拟音工艺。

5.3.1 拟音简介

拟音是音频创作的一种方法,就是使用人工发生器模拟并且录制特殊类型的音频效果声,如风雨声、开关门窗的声音、各种地面上的脚步声、互相打斗时发出的击打声、刀剑碰撞的声音等。与录制的同期声相比,拟音能够发出各种不常听到的效果声,也可以模拟自然界并不存在的特殊音效。

拟音通常都是在专用的录音棚(图 5-9)或者动效棚中完成的。杰克·福利(Jack Foley)最先设计出了一个专门的拟音录音棚,因此"拟音"这个词就是以他的名字命名的(英文"拟音"一词即为杰克·福利的姓氏,Foley),拟音棚也被称为福利房间(Foley's Room)或福利舞台。这类录音棚除了有观看视频必须的大银幕之外,一般都建造有各种材质的路面,包括石子路面、沙地、水泥路面、草地、硬木地板等;墙面上安装着多个没有门洞的门,另外还有各种容器、厨房用品,各种布料等,还有各种类型的传声器。拟音师就在这样的环境中,一边注视着银幕上画面的变化,一边运用他们灵巧的双手模拟出各种声音来。

图 5-9　拟音录音棚

在众多的影视作品中,拟音已经证明了其极其重要的作用。拟音不仅支撑着演员的表演,还有助于观众理解影片的内在叙事。此外,根据不同类型、风格等,拟音的使用也都有着不同的目的。下面介绍几个拟音使用的经典案例。

1. 叙事性拟音

电影《西部往事》中,开场长达 13 分钟之久,并鲜有语言。整条音轨只有音效和零星对白,这 13 分钟内,电影几乎完全依靠添加现成的音效和拟音来叙事。电影《爵士春秋》中,有一场戏是主角(一个舞蹈指导兼导演)在桌前阅读他的最新剧本,尽管没有一句台词,但是观众仍能感受到剧中人物在这么短的时间里经历的感情波动,这场戏中的所有的叙事都是依靠镜头和拟音完成的。这两部影片的拟音对剧本内容、导演构思以及演员的表演都起到了很好的支撑作用。

2．拟音赋予动画生命

拟音早已成为动画片的重要组成部分。在动画电影中,观众每时每刻都受到音乐、音效和拟音的影响。在动画电影《超人总动员》中,许多超级英雄却过着普通人的生活,音效和拟音的使用更有效地强调出他们的平淡生活。其中一个镜头是一位英雄正在假借保险公司的规章制度拒绝一位女士提出的要求,这时背景声中有公司职员办公室的各种细微声响:纸张、铅笔、椅子以及手在桌面上移动声。声音与画面完美配合,营造出真实世界的生活状态。

3．旋律化拟音

老式的歌舞电影中,舞蹈镜头常会使用较多的拟音。电影《雨中曲》中,在后期制作中使用了各种拟音结合,包括一些对话的循环使用以及舞蹈的拟音和道具声。其中一个场景是两个人物边走边交谈,聊到其中一个人物的歌,最后跳起舞来。这个过程中使用的都是拟音,无论是弹琴的声音,还是舞步声,都是事先录制好并在后期制作时添加上去的。

4．象征性拟音

电影中的声音风格亦可折射出文化风格。如以莱昂为代表的意大利电影,绝大多数声音和对白都是后期配音。另一方面,一些法国电影在声音制作上则表现为印象派风格,如电影《再见童年》中,拟音的使用都有一定的象征性。影片中当学生们在食堂吃饭时,观众能感觉到餐具的碰撞声或咀嚼食物的声音,但没有办法明确的辨识出是影片中的谁做了这些。

5．自适应性拟音

现在的游戏均采用最为先进的动画技术和声音技术,复杂的故事涵盖了许多互动环节,故事发展由玩家决定,不同的选择会有不同的声音匹配。此外,游戏的风格在一定程度上也会影响声音的设计。如果游戏的风格倾向于轻松活泼,那么声音选择就会相应的流畅轻快;如果游戏较为诡异,那么声音制作者常常会利用声音引起玩家内心的不安。值得注意的是,拟音在游戏中的使用需要恰到好处。游戏中部分场景中使用到的拟音,会使游戏达到震撼人心的效果。

通过以上分析,不难发现拟音工艺的利用空间和前景越来越广阔,它不再仅仅存在于参与电影制作的拟音专家之间,而是渗透到社会生活的方方面面。随着我们进入新媒体时代,无论是电影、广告、电视节目、动画还是游戏,都开始大量的使用拟音。拟音已经开始给人们带来不一样的听觉体验。

5.3.2　常用音效的拟音方法

有一些拟音,不需要任何道具,直接来自拟音师的身体,如拍手、喘气、尖叫、捶打胸脯等。也有一些拟音,需要使用各种小道具来产生特殊的声音效果。部分常用音效的拟音方法如下。

（1）模仿远距离飞行的蚊虫:可以使用老式的电动剃须刀。

（2）模仿在雪地上行走的脚步声:可以使用淀粉装在布袋里揉捏。

（3）模仿下大雨的声音:可以使用在脸盆中泼水。

（4）模仿燃烧时的火苗声:可以使用一块绸缎布抖动。

（5）模仿快速奔跑的马蹄声:可以使用通下水道的橡皮罩在桌子上敲击。

（6）模仿鸟类翅膀的扇动声：可以使用一把羽毛扇。

（7）模仿人们衣服的摩擦声，武打片中的飞行的声音：可以使用一块普通的布料。

（8）模仿雷声：可以使用大军鼓和软头鼓槌。

（9）模仿恐怖片中的截肢声：可以切开一棵卷心菜。

（10）模仿剑或刀等兵器的声音：可以在空中挥舞竹竿。

在当前的拟音技术中，拟音往往与计算机技术结合在一起。例如，当录制一段脚步声后，可以在计算机中通过时间拉伸、频率偏移等技术，将原始的脚步声处理为不同步频、不同步幅、不同材料地面上的脚步声，甚至可以变成骏马在原野上奔驰的声音。

习题

1. 简述获得数字音频素材的方法有哪些？

2. 使用 Windows 自带的录音机录制一段诗朗诵。

3. 使用拟音方法模仿雷声和下大雨的声音，并使用录音笔或 MP3 将模仿出的声音录制下来。

第 6 章

Audition CS6软件概述

本章导读：

本章对 Audition CS6 的基本功能、软件的安装及软件界面进行介绍，并在此基础上通过实例解释说明用 Audition CS6 进行音频编辑的一般流程。

数字音频的制作、编辑和处理都是通过数字音频软件来完成的，Audition 软件无疑是众多数字音频软件中比较优秀的一款软件。Audition 软件的前身是美国 Syntrillium Softeware 软件公司的专业音频软件 Cool Edit Pro 2.0，2003 年 Adobe 公司收购了该软件，并更名为 Audition，全名 Adobe Audition。

6.1 Audition CS6 软件的功能介绍

Audition 软件是一款专业音频编辑和混合软件，它专为在广播设备、后期制作设备等方面工作的音频和视频专业人员而设计。Audition 可以提供先进的音频混合、编辑、控制和效果处理功能，它最多可以混合 128 个声道，并且可以创建音乐、录制和混合项目，制作广播等。Audition 从 2007 年发布 3.0 版本开始，广泛支持各种工业标准音频格式，支持 VST 插件、ASTO 驱动和无限音轨。可以说，Audition 是一个完善的多声道录音室，可提供灵活的工作流程并且使用简便。无论是制作音乐、无线电广播，还是电影配音，都可以使用 Audition 软件来完成。

Audition 目前的最新版本是 Adobe Audition CS6。从 Audition CS5 开始 Audition 软件就取消了 MIDI 音序器功能，同时推出了苹果平台 Mac 的版本，可以和 PC 平台互相导入导出音频工程。

Audition CS6 新功能包括以下几个方面。

（1）操作更便捷，简化工作流程。直观编辑，音效设计，加工与混合及 Mastering 工具等操作更快速，专门为电影、录像和广告工作流程进行了优化。

（2）实时剪辑伸展。在实时无损伸展剪辑的同时，呈现更高质量的结果。

（3）完善了各种音频编码格式接口，已经支持 FLAC 和 APE 无损音频格式的导入和导出以及相关工程文件的渲染。

（4）支持 VST3 格式的插件。对 VST3 的支持可以更好地分类管理效果器插件类型以及统一的 VST 路径。

此外，Audition CS6 还提供了强大的音高修正功能；更多新的效果，如生成噪声、音频发生器等；更高效的工作面板，参数自动化，简化元数据和标记板，支持直接导入高清视频播放等。

6.2　Audition CS6 软件的安装

为了使用 Audition CS6 更加高效地完成数字音频的编辑，首先需要正确地安装该软件。安装时需要遵循以下的要求和步骤。

6.2.1　硬件和系统要求

1. Windows 系统

处理器：Intel Pentium 4 或 AMD Athlon 64 处理器。

内存：32 位需要 1GB 内存（推荐 3GB）；64 位需要 2GB 内存（推荐 8GB）。

硬盘容量：1GB 可用硬盘空间。

分辨率：1024×768 分辨率（推荐 1280×800）。

显存：256MB。

系统版本：Windows XP Service Pack 3、Windows 7 Service Pack 1 或 Windows 8

2. Mac OS 系统

处理器：Intel 多核处理器（支持 64 位）。

内存：2GB 内存（推荐 8GB）。

硬盘容量：1GB 可用硬盘空间。

分辨率：1024×768 分辨率（推荐 1280×800）。

内存：256MB。

系统版本：Mac OS X 10.6.8 版、Mac OS X 10.7 版或 Mac OS X Mountain Lion（v10.8）。

6.2.2　Audition 的安装过程

Audition 的安装过程如下。

（1）双击"Adobe Audition CS6.exe"安装文件（图 6-1），弹出"欢迎使用'Adobe Audition'安装向导"对话框。在"请选择安装方式"中，可以使用"快速安装"，将软件安装在默认位置，也可以使用"自定义安装"（图 6-2），然后选择合适的安装位置。

（2）单击"下一步"按钮，开始进行软件安装，如图 6-3 所示。

图 6-1　双击安装文件

（3）在弹出的 Adobe Audition CS6 欢迎界面中，单击"安装"按钮（图 6-4），输入购买软件的序列号，或者单击"试用"按钮，在有限时间内试用软件。

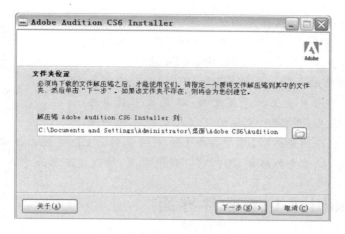

图 6-2　"自定义安装"对话框

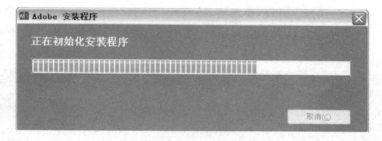

图 6-3　"软件安装"对话框

图 6-4　Adobe Audition CS6 欢迎界面

（4）完成软件的安装后，在桌面会出现 Adobe Audition
CS6 软件的启动快捷方式，由字母 A 和 u 组成（图 6-5），双击
该快捷方式图标即可启动 Adobe Audition CS6 软件。

图 6-5　Adobe Audition CS6
快捷方式

注意：本书提供的是 Adobe Audition CS6 的汉化版软
件的安装过程，有些用户使用的是英文版、从光盘中获得的
安装程序，安装方法大致相同。主要的不同之处是在使用原
版安装程序时，会出现预置选项，其中 3 个未选中的分别是 CD 音轨文件格式、MP3 音乐文
件格式和 Windows 媒体音频格式，因为这 3 种很常用，所以建议都选中。

6.3　Audition CS6 软件界面

Audition CS6 软件和其他常用应用软件一样，安装过后可以使用桌面快捷方式双击启动，
也可以在"开始"菜单中找到该软件，单击将其启动。启动软件后，就可以看到 Audition CS6 的
默认界面，如图 6-6 所示。默认界面由标题栏、菜单栏、切换栏、状态栏以及各种面板组成。

图 6-6　Adobe Audition CS6 默认界面

1. 标题栏

标题栏位于软件的最上端，主要显示软件的标志、软件名称、当前打开文件的名称，以及
窗口的最小化、最大化/恢复、关闭按钮，如图 6-7 所示。

图 6-7　标题栏

2. 菜单栏

菜单栏位于标题栏的下方,菜单栏中包含多个菜单项。Audition CS6 菜单栏中包括文件、编辑、多轨混音、素材、效果、收藏夹、视图、窗口及帮助,共 9 个菜单项,如图 6-8 所示。

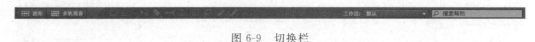

文件(F)　编辑(E)　多轨混音(M)　素材(C)　效果(S)　收藏夹(R)　视图(V)　窗口(W)　帮助(H)

图 6-8　菜单栏

3. 切换栏

切换栏位于菜单栏的下方,可以分成四组切换按钮及搜索框。四组切换按钮分别是工作模式切换按钮组、显示模式切换按钮组、工具切换按钮组、工作区切换按钮组,如图 6-9 所示。

图 6-9　切换栏

工作模式切换按钮组(图 6-10)主要用于切换波形编辑模式(图 6-11)和多轨混音模式(图 6-12)。

显示模式切换按钮组(图 6-13)主要用于切换波形显示、频谱频率显示和频谱音调显示。在默认状态下,编辑器中的音频文件是以波形显示(图 6-14)视图来显示的,其水平标尺代表时间,垂直标尺代表声音的振幅,即声音信号的强弱。字母"L"代表左声道,字母"R"代表右声道。单击"频谱频率显示"按钮,就切换到了频谱频率显示(图 6-15)视图下,其水平标尺代表时间,垂直标尺代表声音的频率。这种显示方式可以辅助分析频率的

图 6-10　工作模式切换
按钮组

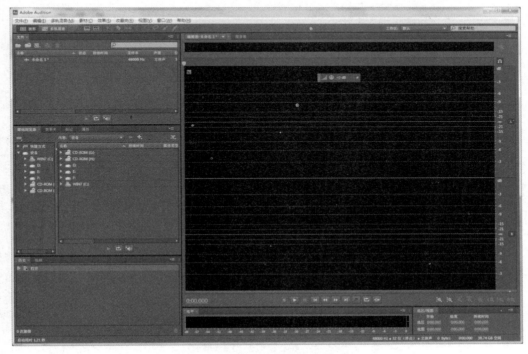

图 6-11　波形编辑模式的界面

图 6-12　多轨混音模式的界面

图 6-13　显示模式切换按钮组

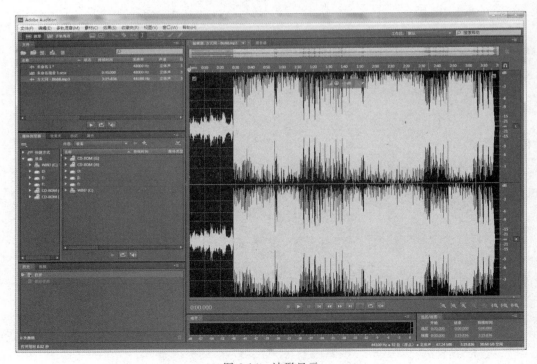

图 6-14　波形显示

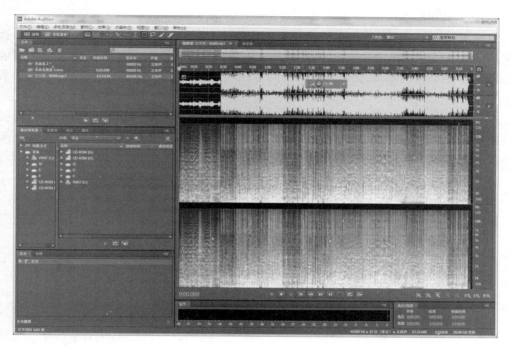

图 6-15　频谱频率显示

分布,明亮的色彩代表最大的振幅元素,默认色彩范围从暗蓝(低振幅频率)到亮黄(高振幅频率)。这个视图非常适合于去除不想要的声音。单击"频谱音调显示"按钮,就切换到了频谱音调显示(图 6-16)视图下,其水平标尺代表时间,垂直标尺同样代表频率。

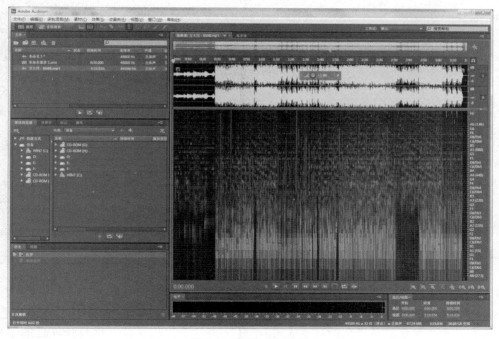

图 6-16　频谱音调显示

注意："显示模式切换"按钮在波形编辑模式的状态下可用。

工具切换按钮组（图 6-17）也称为鼠标工具按钮组或鼠标模式切换组，主要用于切换各种工具按钮，以使用不同的工具实现不同的编辑操作。Audition CS6 提供的工具按钮包括 8 种工具，分别是移动工具、选择素材剃刀工具、滑动工具、时间选取工具、框选工具、套索选择工具、笔刷选择工具和污点修复刷工具。

工作区切换按钮组（图 6-18）主要用于切换不同的工作区。Audition CS6 不但提供了一些经典或常用的工作区，如广播产品工作模式（图 6-19）；也允许用户根据个人需要新建工作区或删除不需要的工作区。

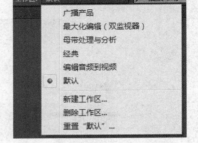

图 6-17　工具切换按钮组　　　　图 6-18　工作区切换按钮组

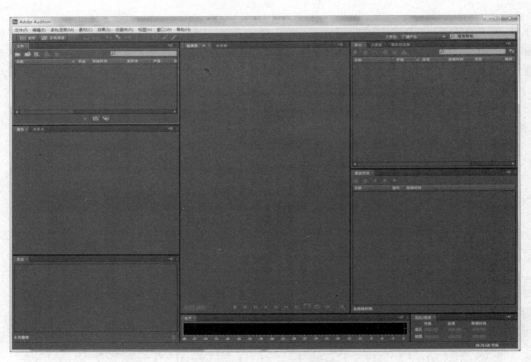

图 6-19　广播产品工作模式

4. 状态栏

状态栏位于整个软件界面的最下端，用于显示当前操作的音频文件及计算机的多种信息，如文件大小、音频文件长度等，如图 6-20 所示。

读取 MP3 音频 完成 用时 1.03 秒　　　　44100 Hz ● 32 位（浮点）　● 立体声　104.77 MB　5:11.405　38.66 GB 空闲

图 6-20　状态栏

5. 常用面板

（1）文件面板。文件面板用于显示打开的音频文件和项目文件，从文件面板可以打开、导入、新建和关闭音频文件，也可以将音频文件插入到轨道中，如图 6-21 所示。

（2）媒体浏览器面板。媒体浏览器面板用于浏览计算机上的各种设备上的媒体资源，查找需要使用的音频文件，如图 6-22 所示。找到需要的音频文件后，直接拖动或双击都可以将文件导入。同时也可以在媒体浏览器中添加快捷方式，提高工作效率。

图 6-21　文件面板

图 6-22　媒体浏览器面板

（3）效果夹面板。效果夹面板用于对音频文件、素材或轨道进行多个效果的处理，如图 6-23 所示。

（4）标记面板。标记面板用于罗列所有的标记，如图 6-24 所示。Audition 中的标记（有时称为提示）是指在波形中定义的位置。标记可以用于标记一个时间点，也可以用于标记一段时间。使用标记可以轻松地在波形内导航，以进行选择、执行编辑或回放音频。

（5）属性面板。属性面板用于显示当前的项目或文件的相关属性，如图 6-25 所示。

（6）历史面板。历史面板用于记录并显示操作命令，提供历史记录，可以快速恢复到执行操作之前的状态，如图 6-26 所示。

（7）视频面板。视频面板用于显示当前打开的视频文件的相关信息，如图 6-27 所示。

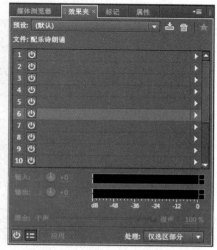

图 6-23　效果夹面板

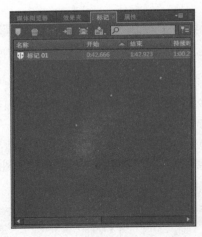

图 6-24　标记面板

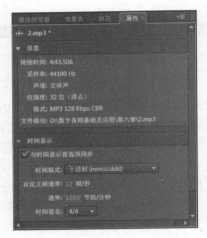

图 6-25　属性面板

图 6-26　历史面板

图 6-27　视频面板

（8）编辑器面板。

① 波形编辑器面板，如图 6-28 所示。在波形编辑器面板中可以显示并编辑音频文件，它由时间导航、显示区、当前时间指针、声谱选择按钮、时间显示、录放控制按钮和缩放控制按钮等组成。可以说，编辑器面板是进行音频编辑的最主要面板。

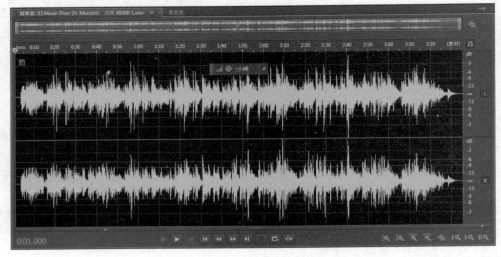

图 6-28　波形编辑器面板

② 多轨编辑器面板,如图 6-29 所示。在开启多轨混音模式后,编辑器就会相应地切换成"多轨编辑器"。多轨编辑器可以实时更改播放设定,并能立即呈现结果。此外,可以录制和混合无限音轨,每条音轨都可以包含所需的任意数量的素材,所做的任何更改都是暂时性和非线性的。多轨编辑器由时间导航、轨道控制器、轨道素材显示区、当前时间针、录放控制按钮和缩放控制按钮等组成。

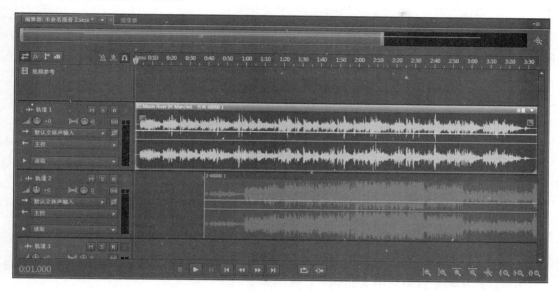

图 6-29 多轨编辑器面板

(9) 混音器面板,如图 6-30 所示。混音器对于每个音频软件都是很重要的,在多轨混音模式下,混音器可用。在混音器面板中,视频不可见。混音器中有对每条轨道的控制,也有主控轨,同时还包括多种控制器,如输入控制器、效果控制器、发送控制器等。

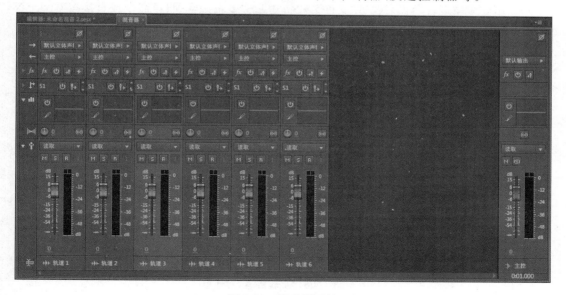

图 6-30 混音器面板

(10) 电平面板。电平面板用于显示输出电平或录制时的输入电平,如图 6-31 所示。

图 6-31　电平面板

(11) 选区/视图面板。选区/视图面板可以设置当前编辑中的选择范围与可预览区域,如图 6-32 所示。

图 6-32　选区/视图面板

6.4　Audition CS6 编辑音频的一般流程——配乐诗朗诵的制作

使用 Audition CS6 编辑音频文件,通常需要注意一定的先后顺序,即有一定的流程。下面通过具体实例来说明使用 Audition CS6 编辑音频的一般流程。

具体的操作步骤如下。

(1) 准备一个适合作为背景音乐和要进行朗诵的诗歌。背景音乐可根据个人喜好和诗歌类型来选择。本实例中选择的诗歌为《江雪》。

(2) 启动 Audition CS6 软件。

(3) 新建多轨混音项目。执行"文件"→"新建"→"多轨混音项目"命令或直接按 Ctrl+N 组合键,弹出"新建多轨混音"对话框,如图 6-33 所示。在该对话框中输入"混音项目名称"为"配乐诗朗诵",在"文件夹位置"中选择合适的保存位置,设置"采样率"为 44 100Hz,设置"位深度"为 16 位,其他参数不变。单击"确定"按钮,即可新建多轨混音项目。

图 6-33　"新建多轨混音"对话框

（4）录制诗朗诵音频文件。录制前需调整好系统的硬件设置属性、准备好麦克风并调节麦克风的相应属性使其处于最佳状态。准备工作做好后，在 Audition CS6 软件中新建音频文件，执行"文件"→"新建"→"音频文件"命令，弹出"新建音频文件"对话框，如图 6-34 所示。在该对话框中输入"文件名"为"江雪朗诵"，设置"采样率"为 44 100Hz，设置"位深度"为 16 位，单击"确定"按钮，即可新建音频文件，如图 6-35 所示。

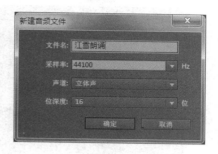

图 6-34　"新建音频文件"对话框

注意：为了能够正常使用 Audition CS6 软件进行录音，需要保证系统硬件属性设置（尤其是录音设备和播放设备）的采样率和位深度与音频文件相同。

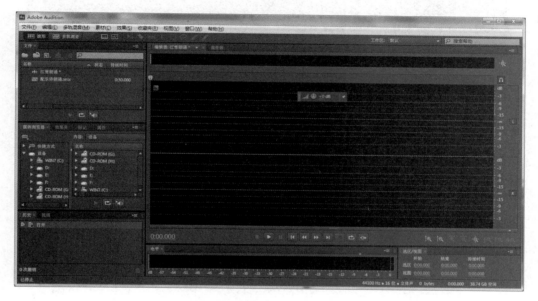

图 6-35　新建音频文件后的界面

（5）录制诗朗诵音频文件。准备好麦克风，单击"录制"按钮 ⬤，开始录制，朗诵完诗歌后单击 ⬛ 按钮，结束录制，获得需要的诗歌朗诵音频文件，如图 6-36 所示。

（6）保存音频文件。录制完的"江雪"朗诵音频文件在文件面板中后面带有 * 号，表明该文件没有保存，执行"文件"→"存储"命令或直接使用快捷键 Ctrl＋S，在弹出"存储为"对话框中进行参数的设置，然后单击"确定"按钮，即可保存音频文件，如图 6-37 所示。

（7）导入背景音乐并进行编辑。执行"文件"→"导入"→"文件"命令，选择准备好的背景音乐。也可以通过直接在文件面板空白处双击导入文件。用鼠标拖曳选中编辑器中需要保留的音乐部分，被选中的部分呈现反白选中状态（图 6-38），单击鼠标右键，选择"复制为新文件"选项（图 6-39），并将新建的音频文件命名为"背景音乐编辑后"。

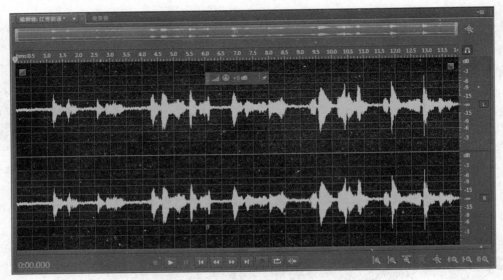

图 6-36 录制诗歌朗诵音频文件

图 6-37 保存音频文件

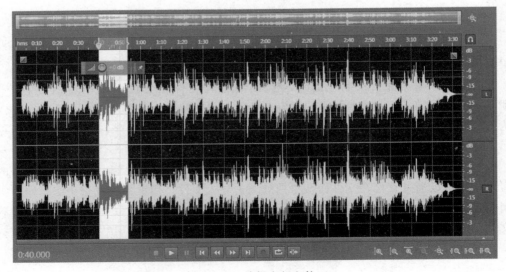

图 6-38 编辑音频文件

图 6-39 "复制为新文件"选项

（8）制作配乐诗朗诵。单击切换栏的 [多轨混音] 按钮，切换到多轨混音模式。将"江雪朗诵"和"背景音乐编辑后"分别拖放到轨道1和轨道2。调整 [数值，适当的调整朗诵和伴乐的声音大小，将朗诵的声音适当增大（调整为正值），伴乐声音适当减小（调整为负值），如图 6-40 所示。

图 6-40 制作配乐诗朗诵

（9）保存输出。执行"文件"→"导出"→"多轨缩混"→"完整混音"命令，弹出"导出多轨缩混"对话框，如图 6-41 所示。在该对话框中输入"文件名"为"配乐诗朗诵完成"，选择保存位置及需要的音频格式,如.mp3、.wav等常用格式,然后单击"确定"按钮,完成配乐诗朗诵的导出,就可以到保存目标找到制作完成的配乐诗朗诵了。

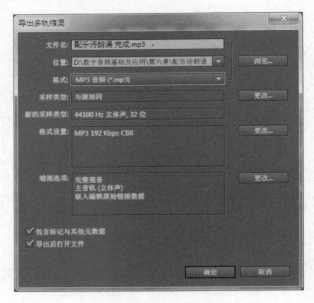

图 6-41　导出多轨缩混

完成了实例的制作,不难看出编辑音频的一般流程。

(1) 准备好必要的音频素材,在本例中,背景音乐和朗诵的录音都是必要的音频素材。

(2) 导入到 Audition CS6 软件中,导入以备编辑修改使用。

(3) 对音频素材进行编辑,使音频素材能够满足制作音频的需求,可以对其裁剪、添加效果等。

(4) 如果是多个音频文件,需要进行多轨混音。可以使用多种效果,使各个音频素材之间能够很好地配合,达到更好的效果。

(5) 导出编辑或混音后的音频文件,储存为需要的格式。

习题

1. 在计算机上正确安装 Adobe Audition CS6 软件。

2. 简述 Audition CS6 中常见的面板有哪些? 这些面板的作用分别是什么?

3. 选择一首喜欢的诗歌,并选择一首合适的音乐,使用 Audition CS6 软件制作一段配乐诗朗诵。

第 7 章

Audition CS6的基本操作

本章导读:

本章介绍 Audition CS6 的基本操作,是音频素材编辑及音频作品后期制作的基础。Audition CS6 中 3 个编辑模式下的基本操作及常用工具的使用。

Audition CS6 共有 3 个编辑模式,波形编辑模式(单轨编辑模式) ⊞ 波形编辑 ,多轨合成模式 ⊞ 多轨合成 ,CD 编辑模式,首先介绍在不同编辑模式下,工具栏中工具的作用。

7.1 工具介绍

(1) 移动工具 ❖ 。在多轨合成模式下可用,快捷键"V"。在该工具选择状态下,拖动轨道上的音频片段,可以移动音频波形片段;按住 Alt 键不放拖动,可以复制音频波形片段的内容;按住鼠标右键拖动,弹出菜单中出现 4 个选项(图 7-1),移动工具作为选择工具使用时,单击音频片段即可选中该音频片段,按住 Ctrl 键不放在音频片段上单击,可以同时选择多个音频片段,或者在音频片段外按住鼠标左键框选,也可以同时选择多个音频片段。

> 复制到这里
> 复制唯一到这里
> 移动到这里
> 取消

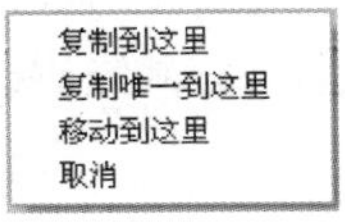

图 7-1 弹出菜单

(2) 切割工具。在多轨合成模式下可用,快捷键"R"。该工具右下角有个小三角,代表切割工具不止一个,在切割工具上按住鼠标左键不放,可以看到切割选中素材工具 ❖ 和切割所有素材工具 ❖ 两个工具按钮。使用"切割选中素材工具",在素材片段的某个时间点上单击,即可在单击位置将选中素材分为两段。使用"切割所有素材工具",在素材片段的某个时间点上单击,可以在单击位置将所有轨道上的素材分为两段。在选择"切割选中素材工具"时,按住 Shift 键,在素材片段上单击,实现切割所有素材的功能;在选择切割所有素材工具时,按住 Shift 键,在素材片段上单击,实现切割选中素材的功能。

(3) 滑动工具 ❖ :在多轨合成模式下可用,快捷键"Y"。在"滑动工具"选择状态下,在音频素材片段上拖动,可以改变该音频素材片段的入点和出点。往左拖动鼠标,音频素材片段的入点和出点向前移动,往右拖动鼠标,音频素材片段的入点和出点向后移动。

（4）时间选区工具█。在波形编辑模式和多轨合成模式下均可用，快捷键"T"。在素材片段上拖动即可选中波形部分内容，此时添加效果仅对选区内的波形有效，按 Delete 键，则可以删掉选区内的波形内容。

（5）频谱频率显示█。在波形编辑模式下可用，快捷键"Shift＋D"。绝大多数人们听到的声音，都是由许多不同频率的声波震动叠加形成的，比如按下钢琴上的一个按键，虽然人们听到的音高是唯一的，但它仍由多个不同音高的音复合而成，这些成分称为频率成分，因此，即便换另一种乐器弹奏同一音高的声音，人耳仍能听出乐器的不同，由于复合音高的频率成分不同，把各个频率成分的强度画成坐标图，就称"频谱"，频谱是声音能量在不同频率上分布特征的可视化表示，越亮的部分显示频率越强。污点修复工具█、框选工具█、套索选择工具█和笔刷选择工具█都是用于修改声音频谱的工具，仅在频谱频率显示模式下可用。

（6）频谱音高显示█：在波形编辑模式下可用，用来显示音频文件不同时间上的音高。

7.2 波形编辑模式

波形编辑模式又称为单轨编辑模式，在该模式下，可以对已有的波形文件进行查看、编辑，也可以录制新的音频波形文件。

7.2.1 查看波形

在 Audition CS6 软件打开时，默认在波形编辑模式下，双击文件面板（图 7-2）空白处选择音频文件，则该音频文件即在波形编辑模式下打开，显示该音频文件的波形，同时还会显示音频文件的波谱。按 Shift＋D 组合键将波谱隐藏，接下来就可以对已有的音频文件的波形进行编辑修改。

图 7-2 文件面板

打开音频文件后，在编辑窗口可以看到该音频文件的波形（图 7-3），横坐标为音频片段的播放时间，纵坐标为音频片段的声音大小，单位为 dB（分贝）。鼠标放在横坐标上滚动滑轮，可以放大或者缩小波形查看的时间范围，或称为增大或减小时间标尺的精度；鼠标在纵坐标上滚动滑轮，可以放大或者缩小音频波形在音量上的显示范围。波形上方的滑动条呈透明显示,鼠标放在滑动条边缘时,变成放大镜形状,可以拖动鼠标改变滑动条的大小,同时改变时间标尺的显示范围。在滑动条上双击,可以最大化滑动条,并使音频文件在时间上全部显示。

注意:在"编辑"菜单首选项中的回放选项卡中,将"在波形编辑器中居中自动滚屏"的复选框选中,则在声音播放过程中,播放指针可以始终保持在查看窗口的中间,便于对音频波形的查看和编辑。

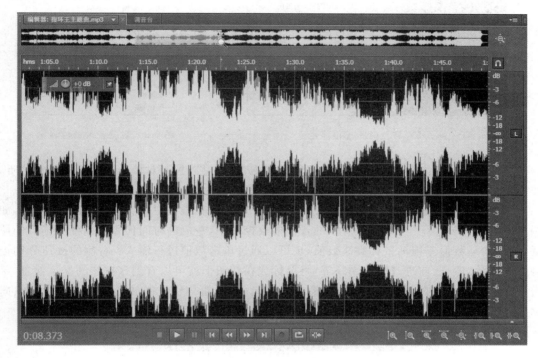

图7-3 编辑窗口

右击滑动条,弹出"时间显示"菜单(图7-4),有频谱通道、层叠声道、匹配波形声道显示3种时间轴显示方式,放大时间轴的快捷键为"＝",缩小时间轴的快捷键为"—",重置时间轴的快捷键是"\"。

时间线默认按照 h：m：s(时：分：秒)的单位显示,右击时间线弹出菜单,选择时间显示,可以更改时间线的单位,如图7-5所示。纵轴为声音音量的标尺,单位默认为 dB(分贝),以 $-\infty$ 为基线,波形最大值上下一般不超过 0dB。在纵轴上右击,可以更改音量显示单位,如图7-6所示。

图7-4 "时间显示"菜单

注意:由于计算机声卡的物理性质,声卡最大能模拟 70～80dB,现实中 0 到 $+\infty$ 的分贝数不能完全模拟,高于该限制的分贝会产生削波,造成与相邻波形过度生硬的现象,因此,在 Audition 纵轴上把最大值设为 0,最小值设为 $-\infty$。

在时间滚动条右侧有一个"全部缩小"按钮,单击该按钮可以使音频文件的波形在时间上和音量上全部显示。

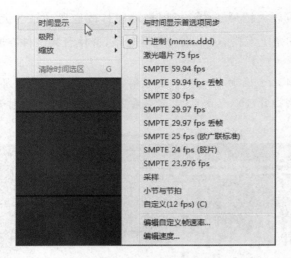

图 7-5　修改时间单位显示　　　　　　　　图 7-6　修改音量单位显示

　　纵轴右侧代表左声道和右声道的字母 L 和 R,单击可以控制对单个声道的操作和监听,比 Audition CS6 之前的版本控制单个声道的操作更加方便。

　　编辑器窗口最下方的一排按钮,用于监听音频文件和查看具体某一时间点的波形,如图 7-7 和图 7-8 所示。在图 7-7 所示的音频播放控制中,左侧的时间代表当前播放指针的位置,可以在该数值上拖动鼠标修改数值,也可以通过单击数值进行输入;右侧的按钮分别控制音频播放、停止、前进、快退、循环等,将鼠标放在按钮上就可以看到该按钮的提示信息,单击按钮看到效果。在图 7-8 所示的波形查看工具中,按钮分别控制波形的横向缩放和纵向缩放,同样可以把鼠标放到按钮上查看提示信息,单击按钮看到效果。

图 7-7　音频播放控制

图 7-8　波形查看工具　　　　　　　图 7-9　"新建音频文件"对话框

7.2.2　新建波形

　　在 Audition CS6 打开后,直接单击 ▦ 波形编辑 按钮,即可弹出"新建音频文件"对话框,如图 7-9 所示。选择合适的采样率、声道和位深度,单击"确定"按钮即可新建波形文件。采样率默认值为 48kHz,单击下拉按钮可以对采样率进行修改,声道默认为立体声,即包括左右两个声道,可以设置录制单声道或者5.1声道,位深度默认为32位,在数字音频中,位深度描述的是振幅(纵轴),采样率描述的是频率(横轴)。位深度代表计算机用来表示某一分贝值的位数,位数越多,分贝值表示的越准确,采样率代表录音设备在一秒钟内对声音信号的采样次数,采样频率越高,声音的还原就越真实越自然,如48kHz代表每秒钟有48 000个数据来描述音频波形,根据奈奎斯特准则,为保证声音不失真,采样频率最好在40kHz左右。当今主流的采集卡上,采样频率一般共分为22.05kHz、44.1kHz、48kHz 3个等级,22.05kHz只能达到FM广播的声音品质,44.1kHz则是理论上的CD音质界限,48kHz则更加精确一些。

音频波形带给人的感觉主要是音调、响度和音色3个方面。音调主要与音频波形振动频率有关,人耳可以听到的声音频率范围是20Hz～20kHz,其中500Hz以下的是低频,500～2000Hz为中频,2000Hz以上为高频,人声大致为100～800Hz,音乐的频率范围大致为40～5000Hz,频率高的音频听起来音调较高,频率低的音频听起来音调较低。响度与频率不同,响度是人耳对声音强弱的主观感觉,频率主要指声波振动的次数,响度则是指声波振动的幅度。音色是区分同样音调和响度的两个声音之间不同的特性,音色与之前所提到的音频频谱有关。不同的发声物体发出同样音调时,基波成分相同,但谐波的多少不同,谐波的多少和强弱构成了不同的音色。

注意:原则上采样率越高,声音的质量越好,但采样率过高会导致文件太大,应根据音频文件的需要进行选择。

7.2.3　编辑波形

在Adobe Audition CS6中,对音频波形的编辑包括选取、删除、复制、剪切、粘贴以及添加效果等操作。

1. 选取波形

在波形编辑模式下,在视图中一次只能查看一个音频波形,要选取该波形的整段波形内容时,按Ctrl+A快捷键。要选取当前窗口显示的部分波形时,在波形上右击,在弹出的快捷菜单中选择"选择当前视图时间"选项,如图7-10所示。如果选取任意一段部分波形,可以用鼠标在选择区域的开始处拖曳鼠标,直到选择区域结束的位置松开鼠标,高亮显示的部分就是被选取的波形(图7-11),也可以在选择区域的开始时间处单击,按Shift键的同时在

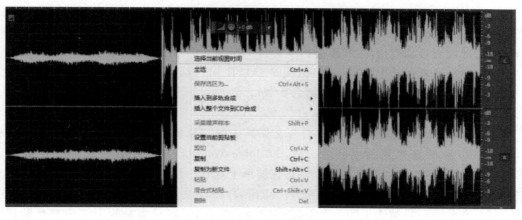

图7-10　"选择当前视图时间"选项

选择区域的结束时间处单击,则中间波形高亮选中,将鼠标放在高亮显示范围的边界,当鼠标变成 ↔ 形状时可以用鼠标拖曳来改变波形选取范围。另外,按 Shift 键的同时在波形上单击,可以修改波形的选取范围。如果想要选取精确时间范围的波形,则需要利用"选区/视图"面板,如图 7-12 所示,输入准确的选区开始时间和结束时间,然后在"选区/视图"面板的空白处单击或按 Enter 键,则完成波形的精确选取操作。

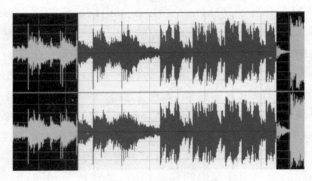

图 7-11 选中后的波形高亮显示

在选中后的波形上右击,在弹出的快捷菜单中选择"存储选区为"选项(图 7-13),在弹出(图 7-14)的对话框中选择波形文件的保存位置,然后单击"确定"按钮,即可将波形选区以一个新文件保存起来。

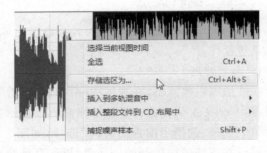

图 7-12 "选区/视图"面板　　　　　　　图 7-13 选择"存储选区为"选项

2. 删除波形

在波形编辑模式下,删除波形的一段,需要首先将要删除的波形选中,然后按 Delete 键,删除后的波形自动连接,中间不会出现静音。删除选中的波形还可以执行"编辑"菜单下的"删除"命令,或者在选中波形上右击(图 7-15),使用"删除"命令。"波纹删除"命令用于多轨合成模式下波形文件的删除(详见 7.2 节)。

3. 复制波形

在 Adobe Audition CS6 中,复制音频文件其中的一段波形,可以将波形复制到剪贴板中,也可以将波形直接复制成新的文件。Adobe Audition CS6 中有预设的 5 个剪贴板(图 7-16),选择其中一个空闲的剪贴板后,在波形上选择一段波形文件,利用"编辑"菜单下的"复制(Ctrl+C)"或者"剪切(Ctrl+X)"操作后,该段波形文件便被复制到该剪贴板中(图 7-17),在此剪贴板被选中的状态下使用"粘贴"操作,可以将剪贴板上的内容粘贴到播放指针所在位置。

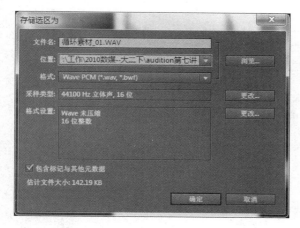

图 7-14 "存储选区为"对话框

图 7-15 "删除"命令

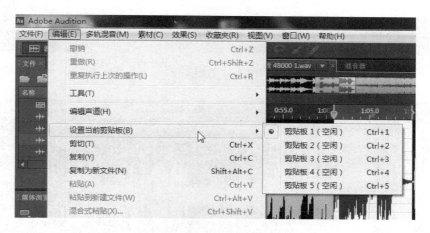

图 7-16 空白剪贴板

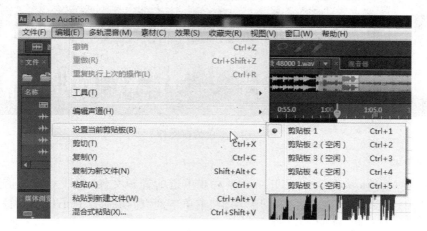

图 7-17 有内容的剪贴板

将选中的波形文件片段复制成一个独立的新文件,在选中的波形文件上右击,在弹出的右键菜单中选择"复制为新文件"选项(图 7-18),选区部分的波形则生成一个新的独立的波形文件,如图 7-19 所示。

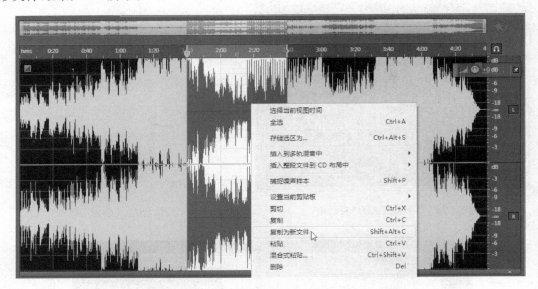

图 7-18　右键菜单

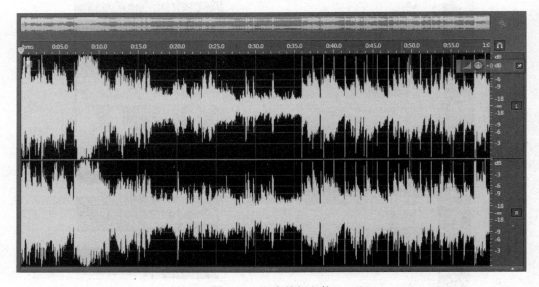

图 7-19　生成的新文件

4. 剪切波形

在 Adobe Audition CS6 中,打开一个左右双声道的音频文件,默认对双声道进行处理操作,选中其中一段波形(图 7-20),利用"编辑"菜单下的"剪切"命令(Ctrl+X),选区前后的波形会自动合并到一起,如图 7-21 所示。

单击左声道右侧的 L,左声道呈灰色状态,将对右声道进行单独编辑(图 7-22),利用"编辑"菜单下的"剪切"命令(Ctrl+X),右声道被选中的部分为静音,左声道没有任何改变,如图 7-23 所示。

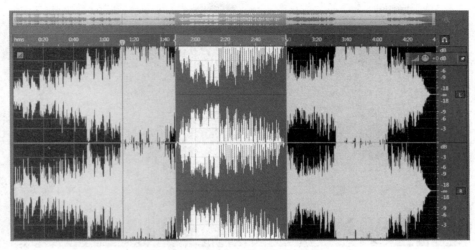

图 7-20　选中立体声部分波形

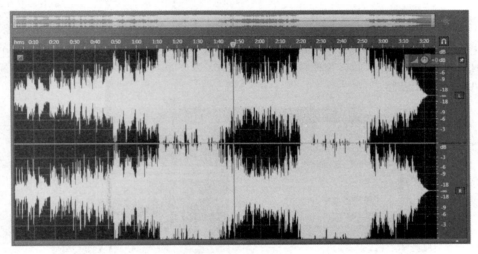

图 7-21　删除选中波形后

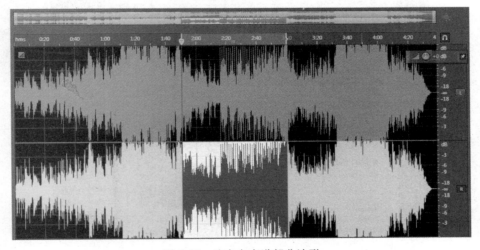

图 7-22　选中右声道部分波形

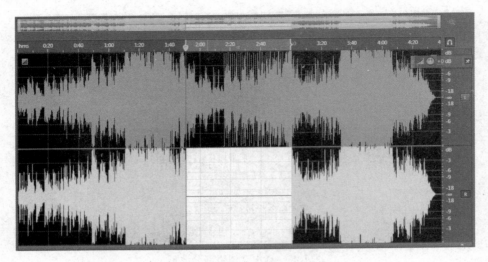

图 7-23　剪切右声道部分波形后

5. 粘贴波形

在编辑模式下粘贴波形，可以使用"编辑"菜单下的"粘贴"命令，将剪贴板中暂存的内容添加到新的区域，该菜单下有 3 种粘贴波形的操作（图 7-24），分别为"粘贴"、"粘贴到新建文件"和"混合式粘贴"。

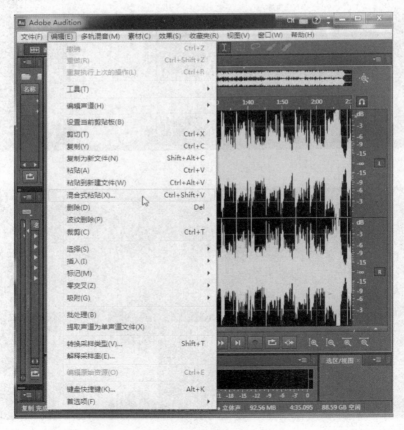

图 7-24　粘贴波形的操作

（1）粘贴。选中一段波形文件，按 Ctrl＋C 快捷键复制，将波形片段复制到剪贴板上，然后在想要粘贴该片段的位置单击，确立播放头的位置，利用菜单中的"粘贴"命令（或者按 Ctrl＋V 快捷键），波形片段就粘贴到相应的区域中了，并且原来该播放头位置后的波形文件相应向后移动。

（2）粘贴到新建文件。选中一段波形文件，按 Ctrl＋C 快捷键复制，将波形片段复制到剪贴板上，然后利用菜单中的"粘贴到新建文件"命令（或者按 Ctrl＋Alt＋V 快捷键），这样会将刚才选中复制的波形片段建立成一个新的波形文件。

（3）混合式粘贴。混合式粘贴是将剪贴板上的波形内容与粘贴位置波形内容混合到一起的粘贴方式，原播放头位置后的波形文件不会向后移动。选中一段波形文件，按 Ctrl＋C 快捷键复制，将波形片段复制到剪贴板上，然后利用菜单中的"混合式粘贴"命令（或者按 Ctrl＋Shift＋V 快捷键），则会弹出一个对话框，如图 7-25 所示。

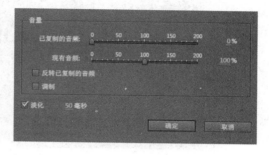

图 7-25　混合式粘贴

上面的"已复制的音频"和"现有音频"两个参数，是用来调整复制部分波形和播放头所在位置波形音量的混合比例，按照图 7-25 的设置，播放头指针处不会混合叠加复制部分的波形，则波形文件没有改变。选中"反转已复制的音频"复选框，可以将复制部分的波形反转后叠加到原波形上。

6．裁剪波形

选中一段波形文件，在高亮选中部分右击，弹出右键菜单，选择"裁剪"命令（快捷键 Ctrl＋T），则除了被选中的波形部分外，前后波形均被裁掉。

7．淡入淡出剪辑

在 Audition CS6 中导入一段波形文件，在波形开始处的左上角和结尾处的右上角分别有一个小方块，分别为"淡入"和"淡出"控制钮，如图 7-26 所示。"淡入"和"淡出"控制钮的操作相同，现以"淡入"按钮为例讲述。

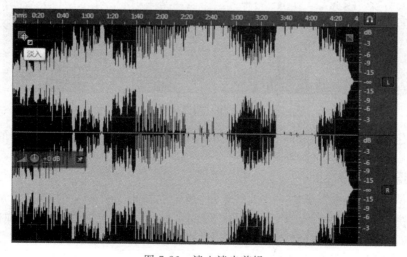

图 7-26　淡入淡出剪辑

鼠标按住"淡入"按钮不放向右拖动,会出现线性淡入效果,波形音量线性增加,如图 7-27 所示。

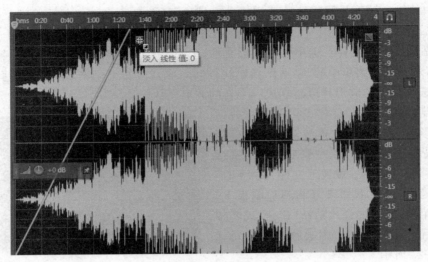

图 7-27　线性淡入

鼠标按住"淡入"按钮不放向右拖动的同时向下滑动,会出现音量加速增长的淡入效果,波形音量加速变大,如图 7-28 所示。

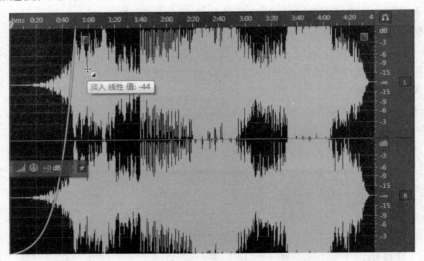

图 7-28　加速淡入

鼠标按住"淡入"按钮不放向右拖动的同时向上滑动,会出现音量减速增长的淡入效果,波形音量减速变大,如图 7-29 所示。

8. 添加标记

在音频编辑过程中,为了快速找到编辑点,通常在波形文件相应时间点上添加标记,添加标记的方法为:首先找到波形文件的相应时间位置,在波形上右击,然后在弹出的快捷菜单中选择"标记"级联菜单下的"添加提示标记"选项(图 7-30),则在该时间点上添加一个点标记(图 7-31),具体应用详见第 12 章。

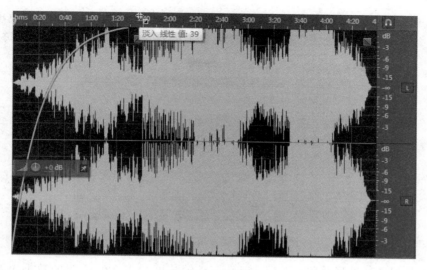

图 7-29 减速淡入

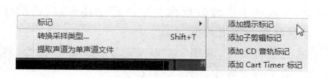

图 7-30 "标记"级联菜单

图 7-31 添加标记

注意：在编辑模式下对波形进行的编辑操作，原音频文件波形会改变，是对原音频文件进行破坏性的编辑和处理。

7.3 多轨合成模式

在多轨合成模式下对波形文件进行编辑与处理时，可以先将音频文件导入到文件列表中，然后分别插入到多个音轨中进行编辑与处理，在多轨合成模式下编辑波形文件，可以在原波形文件不被改变的基础上，对波形文件进行修剪和处理，最后将所有轨道上的音频文件混缩，以设置的音频格式导出一个完整的音频文件。

7.3.1 多轨混音项目的建立和保存

Audition CS6 的多轨合成模式在编辑波形文件前，需要建立一个多轨混音项目，用于记录各个不同轨道中的音频文件的文件名、路径名和混音时的各种参数等。由于工程文件并不保存具体的声音波形文件，所以工程文件所占空间相对较小。

在 Audition CS6 中,单击 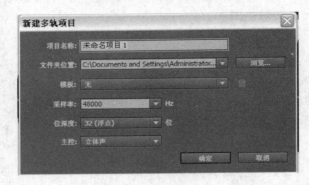 按钮进入多轨合成模式,弹出"新建多轨项目"对话框,如图 7-32 所示。可以设置"项目名称"、"文件夹位置"、"采样率"和"位深度"等。

图 7-32 "新建多轨项目"对话框

采样率是指通过波形采样的方法,记录一秒钟长度的声音所需要的数据个数。例如,48 000 Hz 采样率的声音就是要花费 48 000 个数据来描述一秒钟的声音波形,采样率越高,声音失真越小,音频数据量越大;采样率越低,声音质量越差,有可能会引起严重失真,根据乃奎斯特准则,为保证声音的不失真,采样率最好在 40 000 Hz 左右。

位深度是指描述声音波形的数据所用的二进制数据的位数,位深度也是衡量数字声音质量的重要指标,相同的采样率下,位深度越高,声音质量越好。

主控用来设置采用的声道数目,包括单声道、双声道立体声和 5.1 立体声。记录声音时,每次生成一个声波数据为单声道,生成两个声波数据称为双声道立体声,所占的存储容量也成倍增加,而 5.1 立体声则需要存储 6 个声道数据。

项目保存时是保存为 SESX 格式的工程文件,利用"文件"菜单下的"保存"命令,将所有在多轨合成模式下所做操作保存到当前工程文件中。

注意:将工程文件所用到的音频文件和工程文件保存在一个文件夹中,在换其他位置和计算机编辑时复制整个文件夹,保持相对路径不变,可以避免重新链接音频文件造成的麻烦。

7.3.2 基本轨道控制

多轨混音项目中可以包含 4 种不同类型的轨道,分别为音频轨道、视频轨道、总线轨道、主控轨道。对轨道的操作主要包括增加轨道、插入轨道、删除轨道、命名与移动轨道等操作。

1. 轨道类型

音频轨道包括单声道声轨、立体声声轨、5.1 声轨,用于导入音频波形文件,是轨道编辑的最常用轨道类型(图 7-33),在音频轨道中可以进行录制音频、指定输入/输出、改变音量声相、添加效果等。

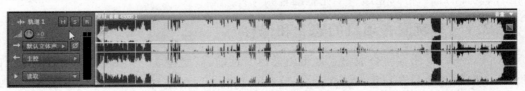

图 7-33 音频轨道

　　视频轨道在一个项目中仅有一个,且位于所有轨道的最顶部,仅用于音频编辑时的参考(图 7-34),可以通过"窗口"菜单中的"视频窗口"预览当前播放指针所在的画面,图 7-35 所示。

图 7-34　视频轨道

图 7-35　视频窗口

　　总线轨道用于将多个同类型的音频轨道集中控制,将所有在同一总线轨道输出的音频轨道上的音频文件添加相同的效果,如图 7-36 所示。

图 7-36　总线轨道

　　主控轨道在每个工程文件中仅有一个,且存在于所有轨道的底端,用于控制所有音频轨道和总线轨道的输出,以及最终输出音频的效果添加,如图 7-37 所示。

图 7-37　主控轨道

2. 对轨道的操作

添加轨道的方法是:在"多轨合成"菜单下选择"轨道",或在轨道的空白位置右击,在弹出菜单中选择"轨道"级联菜单中的选项,来添加各种类型的轨道(图7-38),新增加的轨道会出现在当前选中的轨道下方。

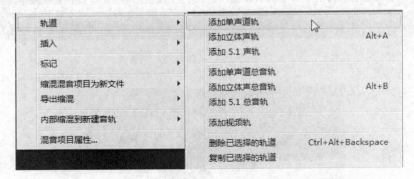

图 7-38　添加轨道

删除轨道的方法是:在想要删除的轨道上右击,在弹出的快捷菜单中选择"轨道"→"删除已选择的轨道"选项即可。

对轨道重命名的方法是:在轨道1名称上单击,可以在文本框中输入轨道新名称,如图7-39所示。

移动轨道时,将鼠标放在需要移动的轨道左上角,鼠标变成小手时(图7-40)按下鼠标拖曳,可以改变轨道的排列位置,将该轨道拖到其他轨道的上方,如图7-41所示。

图 7-39　重命名轨道　　　　　图 7-40　移动轨道　　　　　图 7-41　移动轨道后

7.3.3　音频的导入

音频文件的导入有3种方法:第一,通过"文件"→"导入"命令(图7-42);第二,通过在文件面板中空白位置双击,弹出"导入文件"对话框(图7-43);第三,通过在文件面板的空白位置右击,在弹出的快捷菜单中选择"导入"命令(图7-44)。另外,导入的音频文件必须是该软件支持的格式,可以通过"导入文件"对话框来查看软件支持的音频格式,如图7-45所示。

图 7-42　"导入"命令

图 7-43　文件面板空白位置

图 7-44　文件面板右键菜单

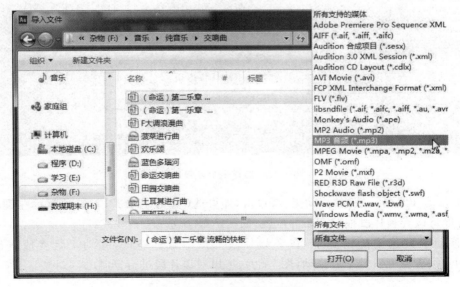

图 7-45　"导入文件"对话框

7.3.4 音频片段的编辑

在多轨合成模式下的音频编辑包括音频片段的选择、移动、复制、组合、切割、删除等操作以及轨道上音频片段的输入/输出设置。

1. 音频片段的简单操作

(1) 选择。选择一个音频片段时,使用"移动工具" 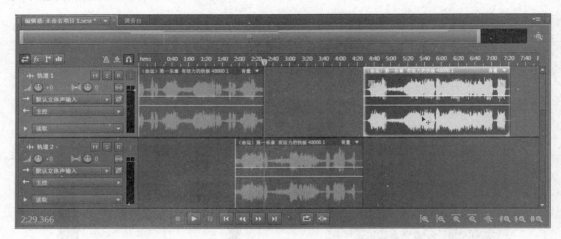 单击,该音频片段高亮显示,如图 7-46 所示。在移动工具选中的情况下,在轨道上空白位置按住鼠标左键拖动,可以选择多个连续的音频片段,如图 7-47 所示。

图 7-46 选中音频片段

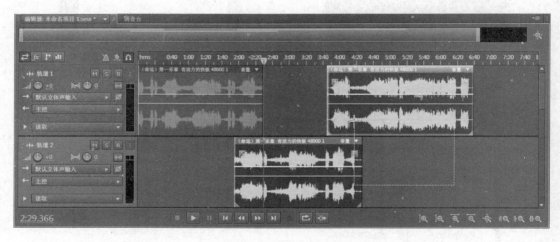

图 7-47 选择多个音频片段

(2) 移动和复制。使用"移动工具"单击,即可选中一个音频片段,按住鼠标左键不放拖动,则可以以将该音频片段拖动到新的位置,如图 7-48 所示。

在移动工具选中的情况下,在音频片段上按下鼠标右键,移动工具变成复制工具(图 7-49),按着鼠标右键不放拖动(图 7-50),可以对该片段进行复制。

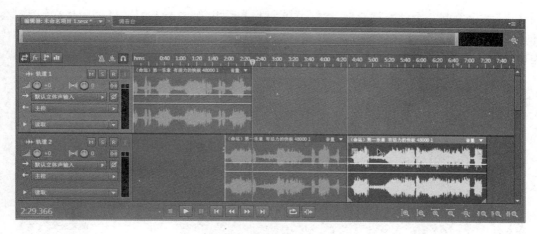

图 7-48 移动音频片段

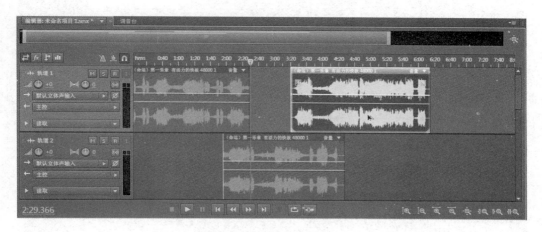

图 7-49 右键复制音频片段

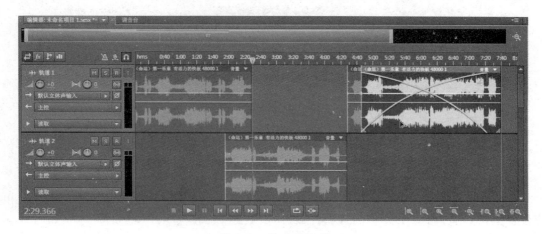

图 7-50 拖动的过程

　　将复制的新片段移动到合适的位置松开鼠标,则弹出右键菜单,如图 7-51 所示。"复制到这里"代表复制一个副本实例,该副本会根据原素材的修改而做相应的变化;"复制唯一到这里"表示复制一个独立的音频片段,在文件窗口中出现一个新的文件,并且该片段不会随着原素材的修改而变化;"移动到这里"代表将音频片段移动,不做复制操作;"取消"代表取消本次操作。

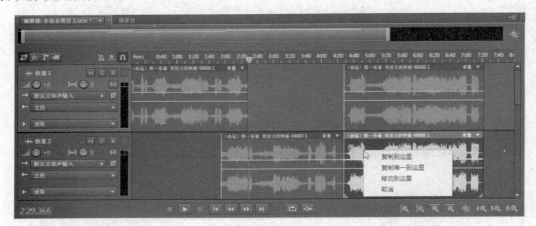

图 7-51 右键菜单

(3) 组合。按住 Ctrl 键的同时单击多个不连续的音频片段,可以将多个片段同时选中(图 7-52),在选中的片段上右击,在弹出的菜单中选择"编组素材"选项(图 7-53),所有选中的音频片段则被编组到一起(图 7-54),被编组的素材可以被同时移动。

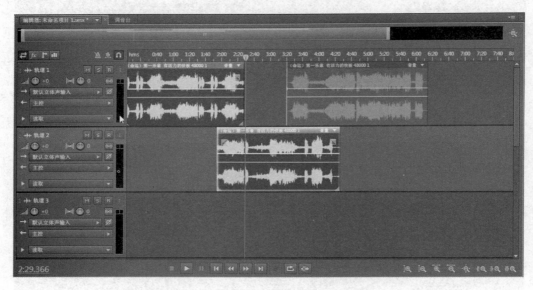

图 7-52 选择多个音频片段

(4) 切割和删除。对剪辑片段进行切割,选中切割工具 ,在将要切割的音频片段相应位置单击,则可将一个完整的音频片段分成两个独立的音频片段,如图 7-55 和图 7-56所示。

选中切割的第一个片段,直接按 Delete 键,该片段则被删除,剪辑原来的位置为空白,如图 7-57 和图 7-58 所示。

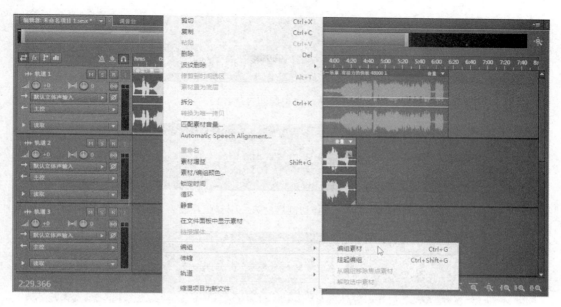

图 7-53 右键菜单

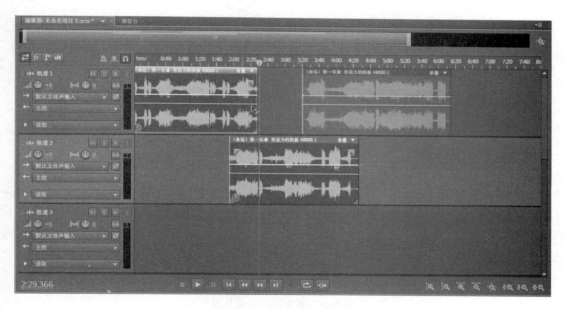

图 7-54 音频剪辑编组

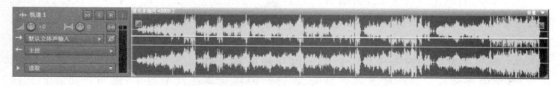

图 7-55 音频片段

图 7-56　切割后的音频片段

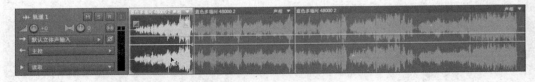

图 7-57　选择切割后的第一个音频片段

图 7-58　删除后的音频片段

选中切割的第一个片段，在该片段上右击，然后在弹出的快捷菜单中选择"波纹删除"→"已选中素材"选项，该片段被删除，同时删除剪辑后的片段前移，不会留有空白，如图 7-59 和图 7-60 所示。

图 7-59　"波纹删除"菜单

图 7-60　删除后的音频片段

选中删除后的第一个片段，利用滑动工具 ，在该片段上按住鼠标左键不放，则该片段时间长度不变，内容随鼠标的拖动而改变，鼠标向右拖动，音频片段的内容前移，如图 7-61 和图 7-62 所示。

（5）剪辑的覆盖和对齐操作。剪辑可以互相覆盖，播放时默认播放显示在上面的波形文件，将短的音频片段选中使其高亮显示，把该片段拖放到长的剪辑上，则短片段将长片段其中一部分覆盖，播放到该音频片段时，软件播放高亮显示的短片段，而被覆盖的部分自动静音，如图 7-63 和图 7-64 所示。

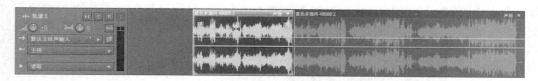

图 7-61　在切割后的音频片段上拖动

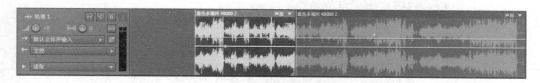

图 7-62　向右拖动后的音频片段

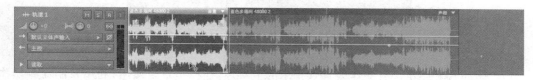

图 7-63　向右拖动音频片段

图 7-64　覆盖的音频片段

拖动短剪辑到轨道 2 上，当与长剪辑的开始和结束的位置对齐时，自动会出现一条对齐的黄线，则两个音频剪辑在同一时间点上对齐，如图 7-65 所示。

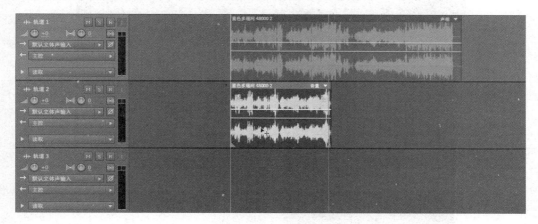

图 7-65　对齐的音频片段

（6）锁定音频片段。在操作过程中，为防止音频剪辑随意移动，可以将音频剪辑锁定，在要锁定的片段上右击，在弹出的菜单中选择"锁定时间"选项（图 7-66），在片段的左下角有一个小锁的标志(图 7-67),该片段则不会被左右移动,只能保持时间点不变的情况下改变轨道拖动。

图 7-66　右键菜单

图 7-67　锁定音频片段

(7)循环素材操作。有些作为背景音乐的节奏声,往往是重复使用,利用复制命令操作起来比较复杂,可以使用循环命令来制作,可将音频剪辑进行连续无限循环。在水果等音乐制作软件中制作一段节奏(图 7-68),将该片段在多轨合成模式中打开,在片段上右击,选择弹出菜单中的"循环"选项(图 7-69),则片段左下角会出现一个循环标志,该片段则改变为一个可循环使用的片段(图 7-70),在片段右下角向右拖动鼠标,可以拖曳出任意长度的循环播放的音频,如图 7-71 所示。

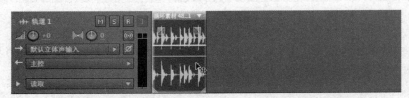

图 7-68　节奏素材

图 7-69　右键菜单

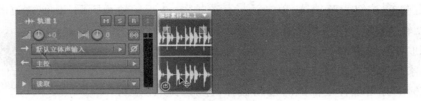

图 7-70　循环片段

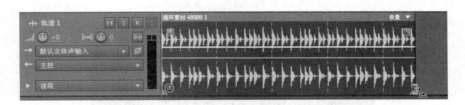

图 7-71　使用拖曳选择音频片段

2．轨道设置

轨道上按钮的相关设置在音频编辑合成中占有比较重要的地位，编辑器上的按钮设置和调音台选项卡上的按钮一一对应（详见第 10 章），轨道的设置有 4 个面板组成：输入/输出 ，单击后显示输入/输出面板（图 7-72）；效果 ，单击后显示音频效果设置面板（图 7-73）；发送 ，单击后显示发送面板（图 7-74）；EQ ，单击后显示均衡设置面板（图 7-75）。

图 7-72　输入/输出面板

图 7-73　音频效果设置面板

图 7-74　发送面板

图 7-75　均衡设置面板

轨道右侧 按钮为节拍器，单击后打开节拍器，在视频轨道下面、其他轨道的上面添加一个节拍器轨道（图 7-76），用来保持时间准确记录音频节拍。

图 7-76　节拍器

按钮为全局素材伸缩开关，在该按钮按下的状态下（图 7-77），素材的左右边缘都会出现一个三角，把鼠标放在三角上，当鼠标下方出现钟表标识时拖动鼠标，此时可以在素材内容不变的基础上，改变素材片段的播放速度（图 7-78 和图 7-79），在鼠标右下角出现的百分比，代表素材长度改变的比例，素材越长，播放速度越慢。

图 7-77　按下全局素材伸缩开关

图 7-78　鼠标放在素材右边的三角上

图 7-79　拖动素材

按钮为吸附开关，只有在该按钮按下的状态下，移动音频剪辑片段时才能与其他剪辑片段自动对齐。

所有音频轨道右上角都有 3 个按钮，分别为"静音" 、"独奏" 和"录音" 。"静音"按钮用来控制该音频轨道上所有音频片段的声音播放与否；单击"独奏"按钮时，除了此音频轨道发声外，其他音频轨道均被静音；单击"录音"按钮时，该轨道处于准备录音状态，检查话筒等输入设备是否正常，然后单击"播放"按钮区的"录音"按钮 ，则将话筒能采集到的声音录制到该音频轨道中（详见 8.2 节）。

"音量"按钮  可以控制该轨道音频的音量大小,可以输入音量数值,也可以在按钮上左右拖动鼠标,当数值为一∞时该声道静音。

"立体声平衡"按钮 用来控制左右声道的音量,在按钮上拖动鼠标向左,数值为一100时,则控制只有左声道发声,拖动鼠标向右,数值为100时,则控制只有右声道发声。

"合并为单声道"按钮 ,在按下该按钮的状态时,左右声道声音合并,"立体声平衡"按钮则不再影响左右声道的改变。

音频轨道下方存在一个下拉菜单 ,单击左侧的三角展开(图7-80),该下拉菜单可以用来记录包络线的自动航线(详见10.5节)。

图 7-80 包络线

7.3.5 缩混音频的导出

项目最终都完成操作后,就可以将其导出。导出的缩混音频反映在多轨工程中设置的音量、声相和效果设置等。如果要将该项目中所有的音频片段导出为缩混音频,则使用"文件"菜单中的"导出"命令,导出多轨缩混的整个项目(图7-81),则弹出"导出多轨缩混"对话框(图7-82),在该对话框中设置导出缩混音频的文件名、格式、保存位置等。

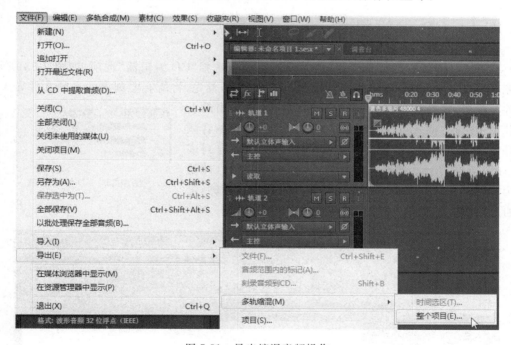

图 7-81 导出缩混音频操作

注意:Audition CS6不能直接导出视频,必须和视频应用程序Adobe Premiere Pro协同工作,使用菜单"多轨合成"下导出到Adobe Premiere Pro,可把编辑好的音频导出到Adobe Premiere Pro中,由Adobe Premiere Pro输出视频文件。

图 7-82 "导出多轨缩混"对话框

7.4 CD 编辑模式

打开 CD 编辑模式的操作为：在"视图"菜单下选择"CD 编辑器"选项，如图 7-83 所示。
音频项目制作完成后，可以将其刻录到 CD 光盘中，首先，将所有要刻录的音频文件导入到

文件面板中，在右侧编辑器的空白位置右击，在弹出的右
键菜单中选择"插入"选项，或者直接将文件面板中的音频
文件拖至编辑器中，音频文件即可添加到 CD 轨道列表
中，如图 7-84 所示。默认 CD 轨道的间隔是 2 秒钟，即第
一个音频文件结束和第二个音频文件开始间隔 2 秒钟，可
以通过"首选项"菜单中的"标记与元数据"进行修改。

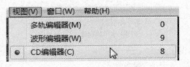

图 7-83 CD 编辑菜单

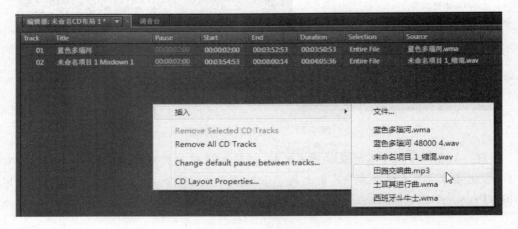

图 7-84 右键菜单

　　将要刻录的音频文件导入到编辑器的 CD 轨道中后，将可写入的空白 CD 光盘放入光驱，利用"文件"菜单中的"导出"→"刻录音频到 CD"命令，则可以将 CD 轨道中的所有音频文件刻录到 CD 盘中，如图 7-85 所示。要提取 CD 光盘中的音频时，则利用"文件"菜单下的"从 CD 中提取音频"命令，如图 7-86 所示。

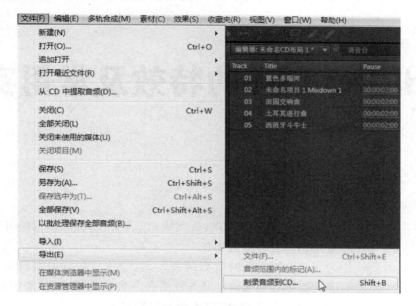

图 7-85　刻录 CD

图 7-86　提取音频

习题

1. Audition CS6 共有几个编辑模式，分别是什么？
2. 在波形编辑模式下，如何将音频波形中不需要的片段删除？
3. Audition CS6 多轨合成模式下，轨道类型共有几种，分别是什么？
4. 利用 Audition CS6 软件，可以熟练将 CD 上的音频文件复制到计算机硬盘上。
5. 将几个音频片段刻录到一张 CD 光盘中。

第 *8* 章

Audition CS6的特效及常用实例

本章导读：

本章通过介绍几个常用实例，如消除人声、去除噪声、改变音调、添加混响等效果，来讲解 Audition CS6 的一些常用的内置特效的用法。

在 Audition CS6 中为音频片段添加特效有两种方式，一种是在波形编辑模式下，对原素材的全部或部分波形进行破坏式的修改；另一种是在多轨合成模式下，添加到音频轨道上，对整个轨道上的所有波形都添加上特效，但不会对原素材造成改变。

波形编辑模式下对音频波形添加效果的方法是：导入一段音频文件，在波形编辑模式下打开，选中要添加特效的波形片段（图 8-1），在"效果"菜单下选择合适的效果，如图 8-2 所示。

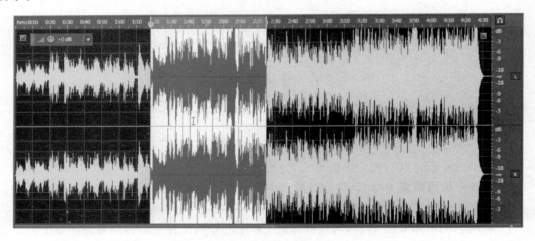

图 8-1　选中波形片段

在多轨合成模式下对音频波形添加效果的方法是：单击"效果"按钮，将音频轨道左侧显示出效果面板（图 8-3），在"添加效果"列表中单击第一个效果右侧的三角按钮，选择合适的效果（图 8-4），则该效果就添加到"轨道效果"列表中，如图 8-5 所示。

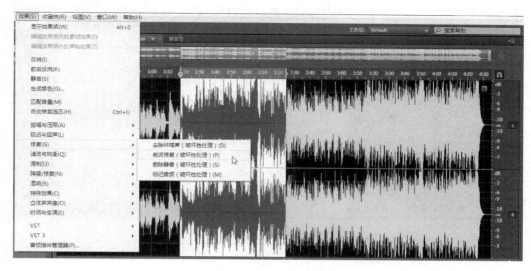

图 8-2 "效果"下拉菜单

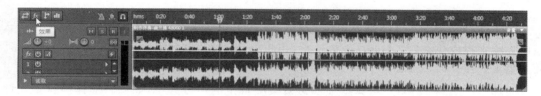

图 8-3 显示效果面板

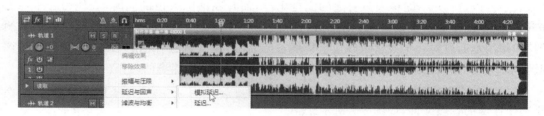

图 8-4 选择合适的效果

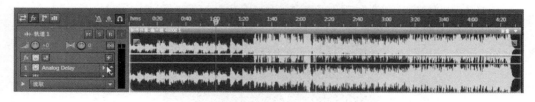

图 8-5 添加效果到"轨道效果"列表中

　　在两种编辑模式下,都可以利用"效果架"来为波形添加效果,在"效果"菜单下选择"显示效果架"(快捷键为 Alt+0),在打开的效果架面板中,单击效果列表第一个右侧的按钮,选择合适的效果,如图 8-6 所示。

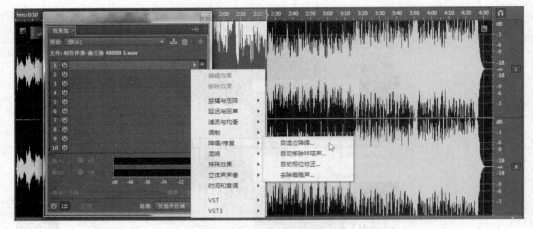

图 8-6　使用效果架

8.1　制作伴奏——提取中置声道和图形均衡器

制作伴奏是比较常见的音乐音频处理实例，在工作和生活中经常需要将人声从背景音乐中去除来提取伴奏，在 Audition CS6 中，可以利用添加"提取中置声道"和"图形均衡器"的效果来实现。

原理："提取中置声道"可以增强或衰减某些特定的声音频率，如果将立体声音频文件中处于中间位置的音频部分进行处理，则可以将音频文件中的人声处理掉。但是仅仅利用"提取中置声道"并不能将人声去除的完全干净，而且在消除人声的同时，会使得音乐与人声相似频率的部分严重损失，因此还要利用"图形均衡器"对波形进一步处理。"图形均衡器"的作用是通过对一个或多个频段进行增益或衰减，达到调整音色的目的，此实例通过调低音乐中人声频段的声音，调高背景音乐频段的声音，来完成伴奏的制作。

（1）在多轨合成模式新建一个多轨混音项目，并取名为"去人声.sesx"，在项目中导入要制作伴奏的音频文件，如图 8-7 所示。

图 8-7　导入处理文件

（2）双击"文件面板"中要处理的音频文件，进入该文件的波形编辑模式，在"效果"菜单中选择"立体声声像"→"提取中置声道"选项（图 8-8），弹出"效果-中置声道提取"对话框，如图 8-9 所示。

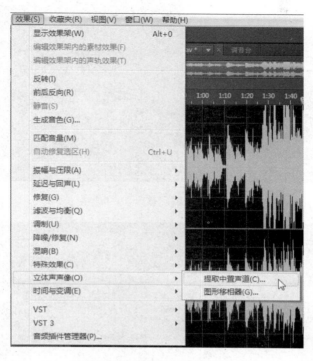

图 8-8　选择"提取中置声道"选项

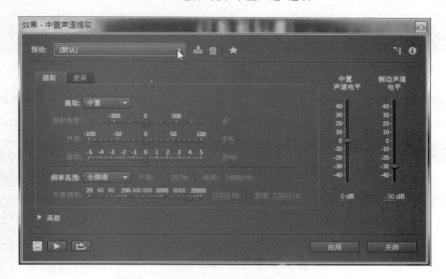

图 8-9　"效果-中置声道提取"对话框

（3）在预设菜单中选择"移除人声"选项（图 8-10），面板参数则自动设置完成，可以单击左下角的"播放"按钮预听效果，单击面板右下角"应用"按钮，波形文件则应用上"中置声道提取"的"移除人声"效果，如图 8-11 所示。

图 8-10　选择"移除人声"选项

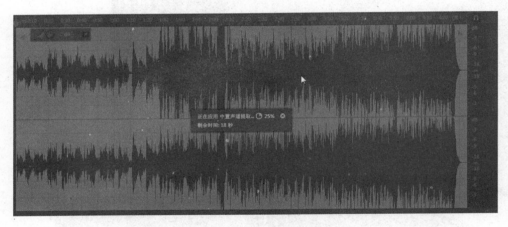

图 8-11　中置声道提取应用

（4）将处理好的波形选中（图 8-12），在该波形上右击，在弹出的菜单中选择"复制为新文件"选项，如图 8-13 所示，则可以将处理好的波形复制一个副本。

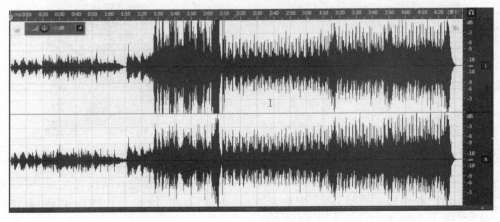

图 8-12　选中波形

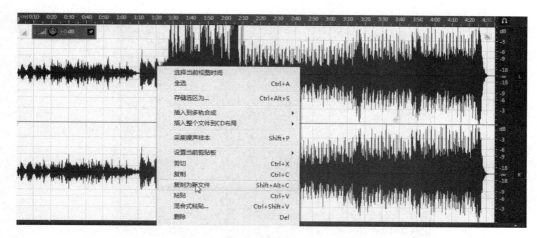

图 8-13 复制一个副本

（5）选中刚刚复制的音频副本，在"效果"菜单中选择"滤波与均衡"→"图形均衡器（10段）"选项，则弹出"效果-图形均衡器（10 段）"对话框，如图 8-14 和图 8-15 所示，在预听音乐播放的同时，将人声附近的频段声音音量调低，将音乐频段的音量调高。

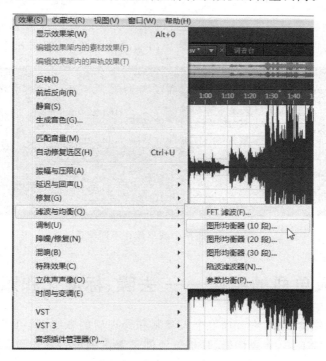

图 8-14 选择"图形均衡器"选项

注意：图形均衡器是一个较为常用的均衡器，在"效果"菜单下选择"滤波与均衡"选项，可以看到 3 种频段的均衡器：10 频段、20 频段、30 频段。频段越多，界面中可以调节的滑块越多，均衡后的效果就越精细，向上调节滑块可以将该频率的声音进行增益，而向下调节滑块可以将该频率的声音进行衰减。

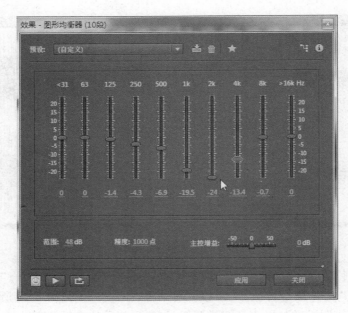

图 8-15　"效果-图形均衡器(10段)"对话框

（6）打开"多轨编辑模式"，将刚刚处理好的副本音频拖放到音轨 1，将去除人声的音频文件拖放到音轨 2，可以预听合成结果，最终导出缩混音频即可，如图 8-16 所示。

图 8-16　将两个波形放在不同轨道

8.2　个人单曲的制作——去噪、标准化和添加混响

通过 8.1 节的伴奏制作，本节加上个人录制和处理后的歌唱，就可以制作个人单曲了。首先要做好前期准备工作，检查话筒、耳机等硬件是否正确设置和连接，然后设置系统的录音控制，Windows XP 系统和 Windows 7 系统的设置不同，本例讲解 Window 7 系统的录音设置。

（1）在计算机右下角选择"音量控制托盘"图标 ，右击，在弹出的快捷菜单中选择"录音设备"选项，（图 8-17），选中要选用的"麦克风设备"并试音，有声音信号输入时，右侧会出现声音大小的显示变化（图 8-18），以此来测试话筒音量是否合适。

图 8-17 录音设置

图 8-18 选中麦克风

（2）打开"Audition CS6"，在"文件"菜单下选择"新建多轨项目"选项，打开"新建多轨项目"对话框，新建一个名为"录制个人单曲"的项目，"采样率"为 48 000Hz，"位深度"为 32（浮点）位，如图 8-19 所示。在文件面板的空白位置双击，导入伴奏，如图 8-20 所示。

图 8-19 "新建多轨项目"对话框

图 8-20 导入伴奏

（3）将导入的伴奏拖到轨道 2 上，由于伴奏的采样率和项目采样率不同，此时弹出一个"警告"对话框（图 8-21），单击"确定"按钮，则软件自动将伴奏转化为项目的采样率，并且在轨道 1 上单击"录音准备"按钮，如图 8-22 所示。

图 8-21 警告采样率不同

图 8-22 单击"录制准备"按钮

（4）单击"播放控制"按钮处的"录音"按钮，此时播放指针开始播放，在监听着伴奏的同时，即可录制个人的演唱，如图 8-23 所示。

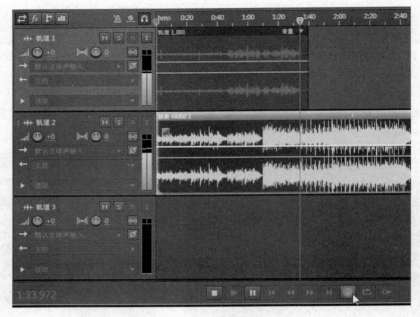

图 8-23 单击"录音"按钮

注意：在录制个人演唱时要选择相对安静的录音环境，并且要使用封闭式的耳机进行监听。本例讲解的是在多轨模式下的录音方式，之前提到在编辑模式下的录音方式，详见 6.4 节。

（5）录制完成后，单击"播放控制"按钮处的"停止"按钮即可结束录制，如图 8-24 所示。

图 8-24 录制完成

（6）此时由于环境等因素的影响，在完成人声录制后不可避免会出现种种问题，如噪声、音量过大或过小等，接下来要对录制的声音进行优化。双击录音的音频进入波形编辑模式，并选择一段非有效声音波形的噪声波形，如图 8-25 所示。

（7）选择"效果"菜单中的"降噪/修复"→"采集噪声样本"命令（图 8-26），刚刚选中的噪声样本被采集，并会有相应的提示框（图 8-27），提示采集的噪声样本会在下次降噪时使用。

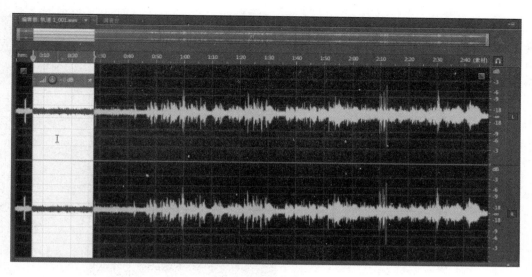

图 8-25 选择噪声波形

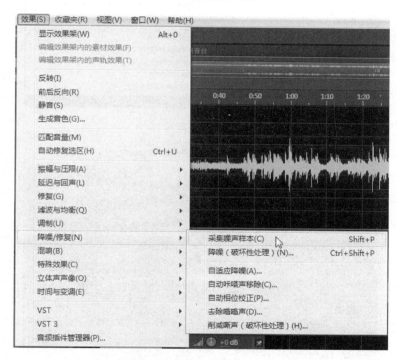

图 8-26 "采集噪声样本"命令

图 8-27 采集噪声样本提示框

(8) 选择"效果"菜单中的"降噪/修复"→"降噪（破坏性处理）"命令（图 8-28），弹出"效果-降噪"对话框（图 8-29），单击该对话框中"选择整个文件"按钮，将要处理的整段波形选中，在预听降噪效果的同时，调节对话框中的其他参数。

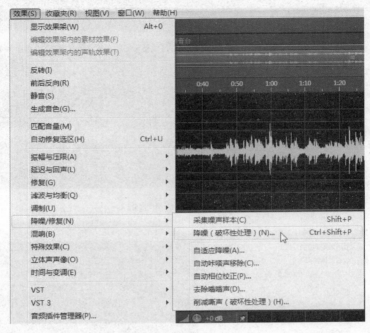

图 8-28 "效果-降噪"命令

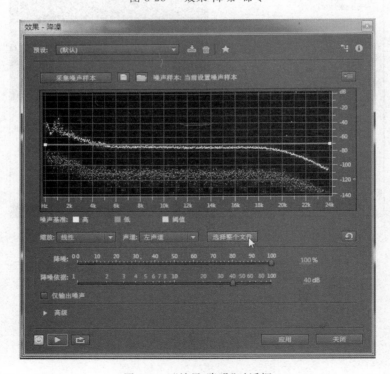

图 8-29 "效果-降噪"对话框

（9）设置完毕后,单击"应用"按钮,然后关闭对话框进行降噪处理(图 8-30),处理完毕后,可以发现波形中的噪声波形都被去掉了,如图 8-31 所示。

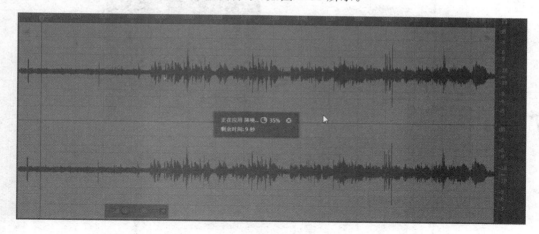

图 8-30　降噪处理

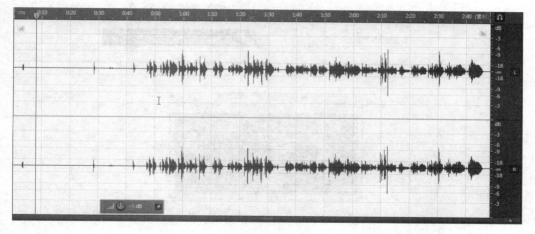

图 8-31　降噪结果

（10）此时发现音频波形音量过小,因此要对其进行标准化的设置(图 8-32),弹出"标准化"对话框,并将数值设置为 98%,如图 8-33 所示。标准化的作用是把当前音量标准成标准音量,当有波形超出标准范围时,标准化将不可用。

（11）单击"确定"按钮完成操作,标准化后的波形音量大小适中,如图 8-34 所示。

（12）为增加人声的厚重感,可以为人声添加"混响和延迟"效果,在轨道 1 上单击"效果"按钮,然后单击效果列表右侧的三角,选择要添加的效果,如图 8-35 所示。

（13）在弹出的"机架效果-混响"对话框中进行参数设置,如图 8-36 所示。混响现象是指声源停止以后,室内接收点仍可在一定时间内持续接收到声信息,第一次反射声与多次反射声形成混响,只经过第一次反射就进入耳朵的时间为"预延迟时间",调整"扩散"可以决定混响被物体吸收的数量,调整"感知"可以为混响环境增加稀薄感,调节"干声"是原来未处理的声音部分,而"湿声"是加入了混响后的声音部分。

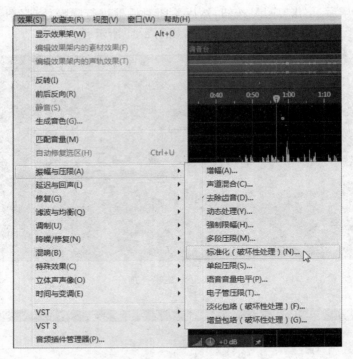

图 8-32 "标准化（破坏性处理）"命令

图 8-33 "标准化"对话框

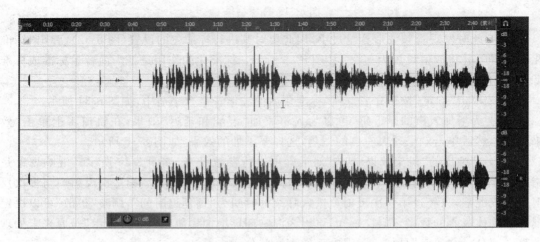

图 8-34 标准化后的波形音量大小适中

图 8-35 添加混响

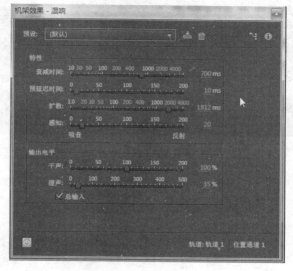

图 8-36 "机架效果-混响"对话框

（14）设置完成后关闭"机架效果-混响"对话框，最终效果则添加到轨道 1 上，如图 8-37 所示。最后，选择合适的音频格式，导出音频混缩即可。

图 8-37 最终波形

8.3 电话声音处理——参量均衡器、FFT 滤波器

在影视作品中，经常会出现角色打电话时的场景，而电话听筒声音的现场拾取比较受限，效果往往不令人满意，因此，需要将录制的干声处理成电话听筒的声音，这也是需要滤掉

一部分频率的声波信息的处理实例,可以使用 Audition CS6 的"参量均衡器"或者"FFT 滤波器"效果来实现。

（1）将要编辑的音频文件在 Audition CS6 中打开,如图 8-38 所示。

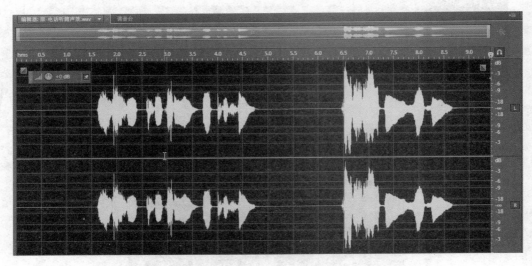

图 8-38　导入波形

（2）在波形编辑模式下,"效果"菜单中选择"滤波与均衡"→"参数均衡"命令,如图 8-39 所示。

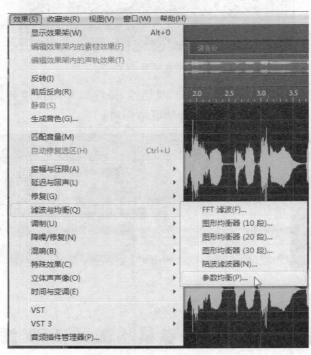

图 8-39　"参数均衡"命令

（3）弹出"效果-参数均衡器"对话框，可以看到 EQ 均衡曲线，横坐标是声音频率，纵坐标是声压级，显示出各频率段的 EQ 均衡处理情况，比图形均衡器的设置更为灵活。参数均衡器为用户提供了 5 个可增加的控制点，而这 5 个控制点可以在频率轴上任意移动，可以直接拖动图形上的 5 个点进行图形形状的控制，从而达到声波在不同预置点频率的不同增益，设置声音频率在 1000～4000Hz 频段内达到最大增益（图 8-40），单击面板左下角的"播放"按钮试听效果，感觉效果合适后单击"应用"按钮。

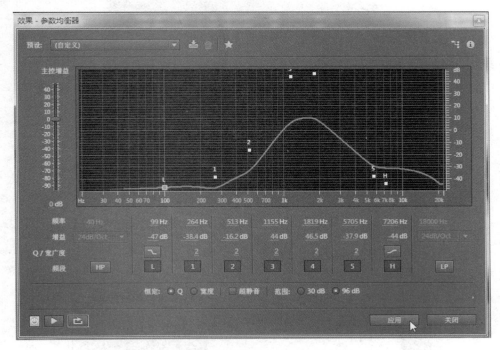

图 8-40 "效果-参数均衡器"对话框

（4）处理完成后波形得到一些改变，如图 8-41 所示。

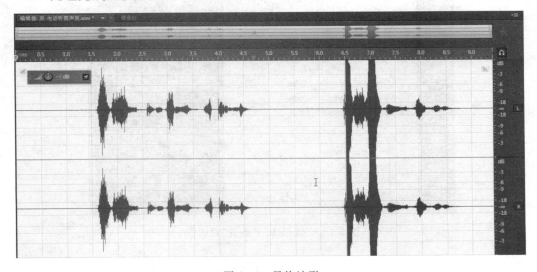

图 8-41 最终波形

要想得到电话听筒声音,还有一个更为简单的操作方法。在"效果"菜单中选择"滤波与均衡"→"FFT 滤波"命令(快速傅里叶变换滤波器),弹出"效果-FFT 滤波"对话框,在"预设"效果列表中选择"Telephone-Receiver(电话接收端)"选项,在弹出的"效果-FFT 滤波"对话框中单击"应用"按钮即可,如图 8-42、图 8-43 和图 8-44 所示。

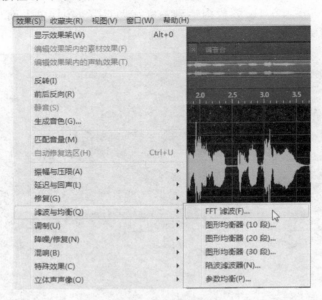

图 8-42 "FFT 滤波"命令

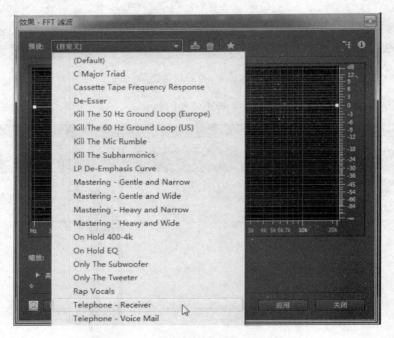

图 8-43 "效果-FFT 滤波"对话框

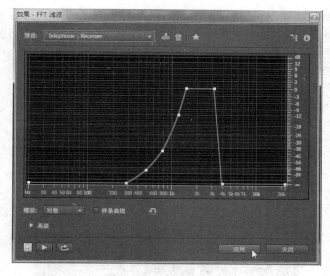

图 8-44　最终效果

8.4　搞怪声音制作——伸缩与变调

动画作品中声音的创作具有很广的想象空间,利用 Audition CS6 内置的效果,可以制作出各种丰富的搞怪声音。

原理:人声效果除了配音员的音色和语气外,还有两个非常重要的因素,即人声的语速、音调,这两个因素可以通过 Audition CS6 中的"伸缩与变调"特效来设置。

(1)将录制好的人声波形文件进行降噪、标准化处理后,选择"效果"菜单下的"时间与变调"→"伸缩与变调"命令,弹出"效果-伸缩与变调"对话框,如图 8-45 和图 8-46 所示。

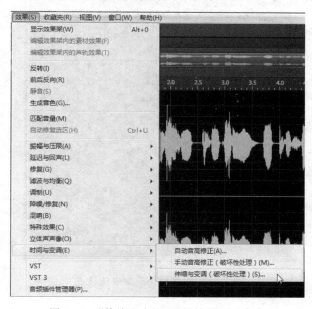

图 8-45　"伸缩和变调(破坏性处理)"命令

（2）"效果-伸缩与变调"对话框中的"预设"文本框有多个备选项，如 Fast Talker（加快语速）、Slow Down（减慢语速）、Raise Pitch（提高语调）和 Lower Pitch（提高降调），可以选择任意一个选项，预听效果，直至选中一个适合的预设效果，单击"确定"按钮，如图 8-46 所示。

图 8-46 "效果-伸缩与变调"对话框

（3）也可以直接拖曳"效果-伸缩与变调"对话框上的对应项目滑块进行特效设置，"变调"参数为正值是升半音，可以模拟女声和童声，"变调"参数为负值是降半音，可以模拟男生；"伸缩"属性值调高则语速变慢，"伸缩"参数值调低则语速加快，如图 8-47 所示。

图 8-47 伸缩与变调参数的设置

8.5 虚无缥缈声音制作——回声、混响

在影视作品中,经常会涉及一些回忆往事的情景,为了将回忆中的话语和现实中区分开,通常为声音加一些回声或者混响;另外,有时为了突显角色的神秘,为其语言加上混响的效果,使人声显得更加缥缈、虚幻。

(1)选择"效果"菜单下的"延迟与回声"→"回声"选项,弹出"效果-回声"对话框,将要添加效果的音频波形文件打开后,在波形编辑模式下为其添加回声效果,如图 8-48 所示。

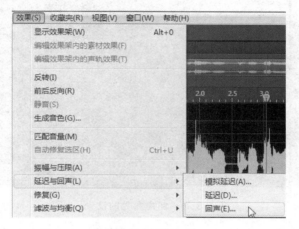

图 8-48 "回声"命令

(2)在"效果-回声"对话框中,可以试听预设效果,如图 8-49 所示。

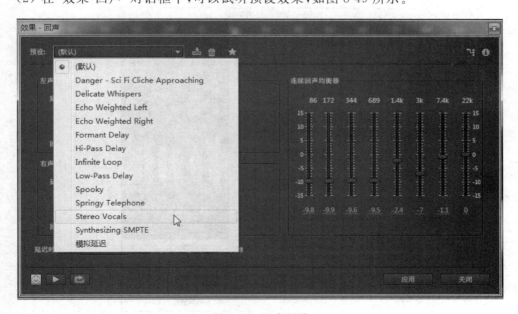

图 8-49 回声预设

（3）在"效果-回声"对话框中，预设选项中的"延迟时间"可以改变声音延迟时间的长短，"回馈"值控制延迟效果，值越大延迟效果越明显，"回声电平"数值越大，回声效果的重复越多。右侧的"连续回声均衡器"可以对回声快速滤波，模拟出更加真实的回声效果，当滑块向上调节时，该频段的声音衰减越多，则模拟该频段声音被吸收较多，如图 8-50 所示。

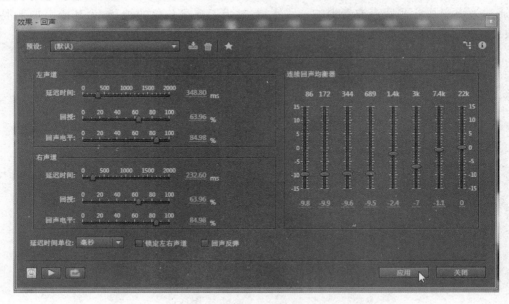

图 8-50　回声参数的设置

要达到类似音效效果，还可以使用"完整混响"命令（图 8-51），该效果器是基于卷积技术的混响效果器，可以保证声音的准确和清晰，并且提供了更多的参数调节声音。

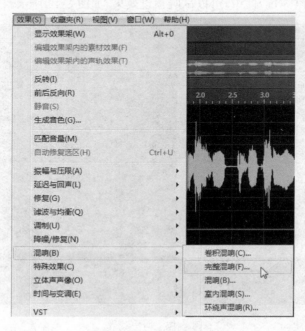

图 8-51　"完整混响"命令

选择"完整混响"选项，弹出的对话框包括"混响设置"和"着色"两个选项卡，如图8-52和图8-53所示。"衰减时间"参数值越大，混响空间越大，声音越悠远；"预延迟时间"是指入射声到达人耳之间的时间间隔；"漫射"决定混响的扩散情况，其值越大声音越自然；"感知"值的大小代表空间吸收声音的能力，值越大吸声越小，则反射声音的能力越强；"房间大小"用于控制音场的大小，当房间体积超过5000m³时，音场可模拟旷野等地区；"宽广度"控制音场宽度和深度的比值；"左/右位置"控制声源在音场的位置，参数为正值表示混音声越靠右；"高通频率切除"设置参数将指定数值频率下的部分切除。

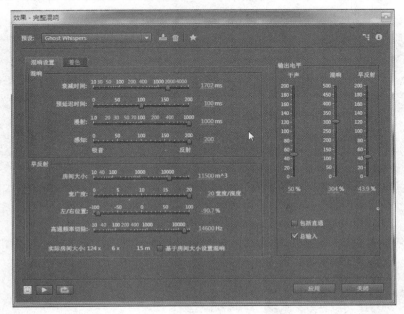

图8-52　"混响设置"选项卡

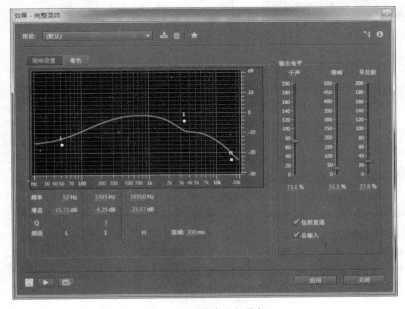

图8-53　"着色"选项卡

右侧输出电平有 3 个参数调节,"干声"控制未经过混响处理的声音,干声越多则混响感觉越少;"混响"又称为湿声,值越大则混响越强;"早反射"控制第一批经过混响达到人耳的回声量。

"着色"选项卡中显示的曲线称为"频率混响量曲线",该曲线可以反映出在各个频率段上的混响量,横轴代表频段频率,纵轴代表频率混响增益。

"完整混响"提供了多种预设效果,例如,单击"预设"栏下拉菜单,选择"Ghost Whispers(幽灵耳语)",人声会被处理成深远而富有神奇色彩的效果,如图 8-54 所示。

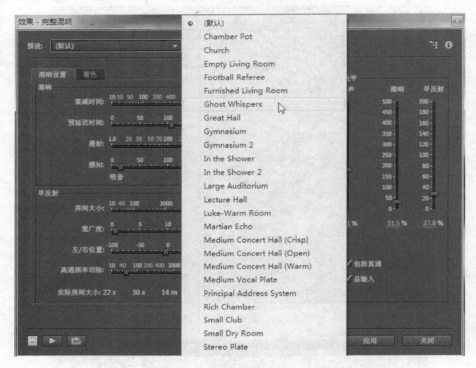

图 8-54 "完整混响"提供的预设效果

习题

1. 从网上下载一首完整的歌曲制作伴奏,利用 Audition CS6 软件去掉歌曲中的人声。

2. 用话筒录制下面的对话,用 Audition CS6 软件去除噪声,并且添加合适的特效。

大海奔腾着,咆哮着,嘲笑精卫:"小鸟儿,算了吧,你这工作就干一百万年,也休想把我填平!"

精卫在高空答复大海:"哪怕是干上一千万年,一万万年,干到宇宙的尽头,世界的末日,我终将把你填平的!"

大海:"你为什么这么恨我呢?"

精卫:"因为你夺去了我年轻的生命,你将来还会夺去许多年轻无辜的生命。我要永无休止地干下去,总有一天会把你填成平地。"

选自神话故事《精卫填海》

第 9 章

插件的使用

本章导读：

Audition CS6 音频插件的使用扩展了音频特效处理的功能，Audition CS6 的插件种类较多，本章以最常用的 Ultrafunk 效果器和 Waves 效果器两种插件为例，介绍插件的安装、使用等基本操作。

Audition CS6 内置的效果器数量有限，为了加入更加丰富的特殊音响效果或者有某些特殊的需要，可以从网络上购买或下载一些外挂的效果器，这些外挂的效果器称为插件，插件是用来扩充主程序功能的模块化组件，可以轻易实现主程序所不具备的某些功能，而用户也并不需要学习很多新的知识就可以熟练使用这些功能。

Audition 3.0 版本支持两种类型的插件：VST 插件和 Direct X 插件。而 Audition CS6 版本提高第三方插件的兼容性并且开辟了新的效果，提供了支持 VST3 兼容性的选项。

VST 是 Virtual Studio Technology（虚拟录音室技术）的缩写。VST 效果器是德国 Steinberg 公司开发的一种实时音频效果器技术，它以插件的形式运行在当今大部分专业音乐软件中，在支持 ASIO 驱动的硬件平台下，可以达到 1～2ms 的低延迟率。

Audition CS6 插件一般的安装方法如下。

（1）选择要安装的插件应用程序（图 9-1），双击打开插件安装界面，单击 Next 按钮，如图 9-2 所示。

名称	修改日期	类型	大小
shell2vst	2012/12/4 0:00	文件夹	
WAVES9R7	2013/4/7 16:18	文件夹	
Crack_Waves_9r7	2012/12/4 0:00	应用程序	30,733 KB
Instructions	2012/12/4 0:00	文本文档	2 KB
WAVES9R7	2012/12/4 0:00	好压 ISO 压缩文件	803,756 KB

图 9-1　选择插件应用程序

（2）阅读使用协议，选择"接受许可条款"，单击 Next 按钮，如图 9-3 所示；在打开的插件列表中选择要安装的项目，单击 Next 按钮，如图 9-4 所示。

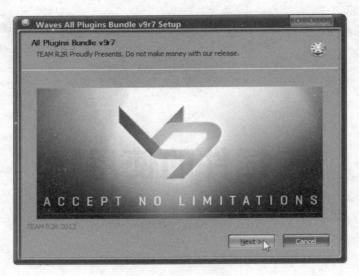

图 9-2　插件安装界面

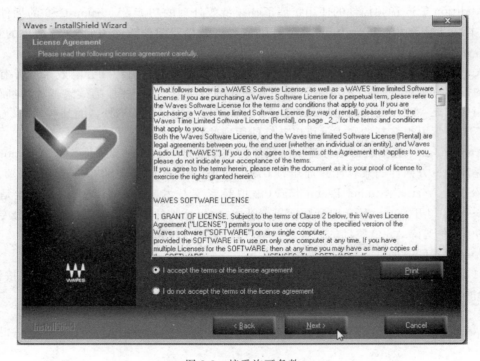

图 9-3　接受许可条款

　　（3）选择插件要安装到计算机中的位置，一般将其放在 Audition CS6 安装文件夹 plug-Ins 下，如图 9-5 所示；安装完成后关闭面板，如图 9-6 所示。

　　（4）打开 Audition CS6，在波形编辑模式下，选择"效果"菜单下的"音频插件管理器"命令，如图 9-7 所示；打开"音频插件管理器"对话框，如图 9-8 所示。

　　（5）在"音频插件管理器"对话框中单击"添加"按钮，弹出"选择一个插件文件夹"对话框，如图 9-9 所示。

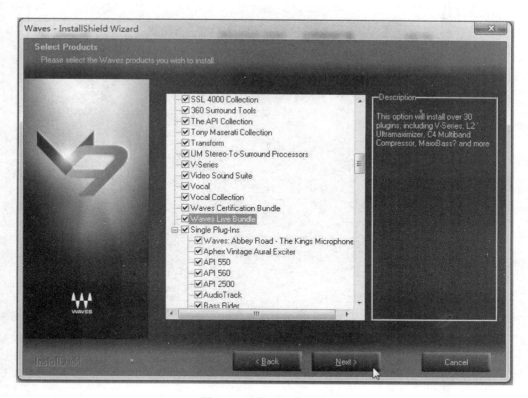

图 9-4　选择要安装插件

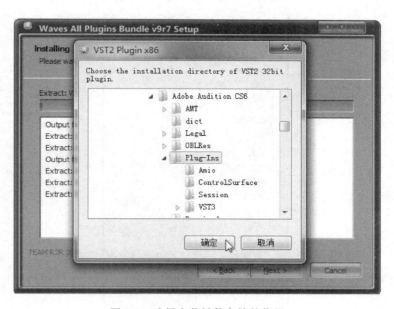

图 9-5　选择安装插件存储的位置

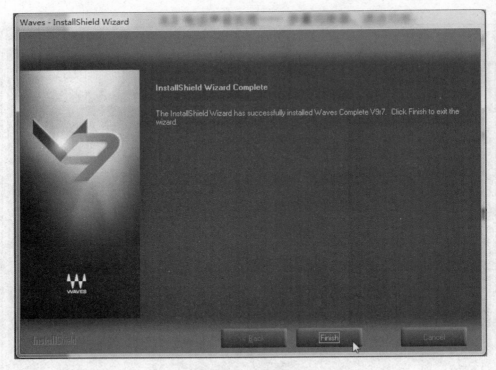

图 9-6　安装完成

图 9-7　选择音频插件管理器

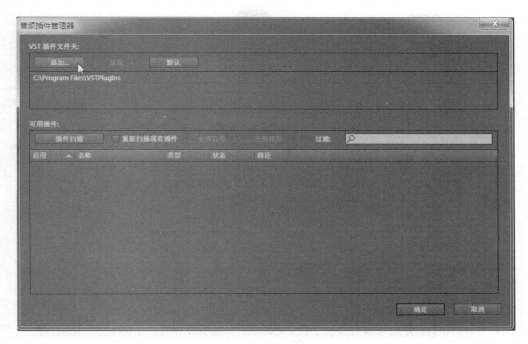

图 9-8 "音频插件管理器"对话框

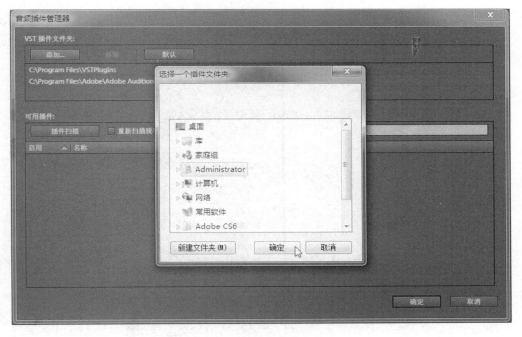

图 9-9 添加插件安装文件夹

（6）在打开的对话框中选择插件安装的所有文件夹；单击"音频插件管理器"对话框中的"插件扫描"按钮，扫描文件夹中的所有插件，如图 9-10 所示。

（7）所有安装的 VST 和 VST3 插件出现在音频插件管理器列表中，然后单击"音频插件管理器"对话框中的"全部启用"按钮，如图 9-11 所示。

图 9-10　扫描文件夹中的插件

图 9-11　单击"全部启用"按钮

（8）在 Audition CS6"效果"菜单下，则可以使用刚刚安装好的外挂插件，如图 9-12 和图 9-13 所示。

图 9-12 安装完成 VST

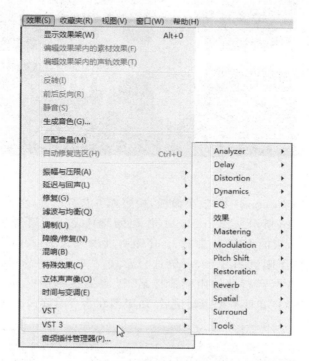

图 9-13 安装完成 VST3

9.1 Ultrafunk 效果器

Ultrafunk fx 效果器软件包由 Ultrafunk 公司出品,该效果器中包含多种性能出色的效果,如图 9-14 所示。下面以 Ultrafunk fx Compressor(压限器)、Ultrafunk fx Modulator(调节器)、Ultrafunk fx Wahwah(电吉他效果器)为例,简单介绍 Ultrafunk fx 效果器软件包的使用。

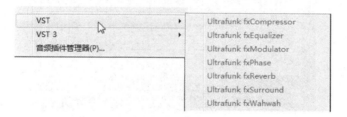

图 9-14 Ultrafunk fx 菜单

1. Ultrafunk fx Compressor（压限器）

该插件的操作主要用于音乐处理，音乐录制时需要注意其音量起伏较大，如果音量起伏超出一定的范围，则需要压限器将低音进行提高，并将高音降低。例如，有一段高低起伏过大的声音需要压限处理，如图 9-15 所示。

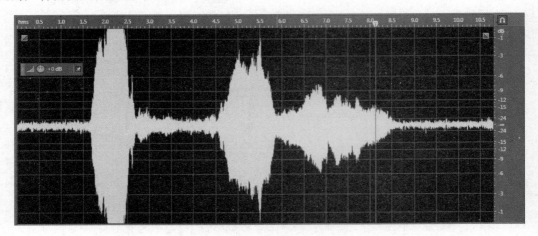

图 9-15　波形

打开 Ultrafunk fx Compressor 效果面板，按照如下参数设置，将低音部分音量提高，高音区声音降低，如图 9-16 所示。"Threshold（作用阈值）"表示压限器起作用的声音超出范围；"Ratio（比率）"指压限的力度，比率越大，压限力度越大；"Knee（强度）指压限角的圆滑度"；"Type（线形）"指压限表示线形，一般选择常规；"Gain（增益）"指把低音提高的量；"Attack（起始缓冲）"指声音超过作用阈值以后，压限器在多少时间内达到全功率压限；"Release（结束缓冲）"指声音低于作用阈值后，压限器在多少时间内全部释放压限。

图 9-16　压限器效果

中间的图形就是压限设置,有一条浅色的对角线为标准线,图形会随着参数的变化而显示不同的形状,经过上述处理后的波形则比较平缓,如图 9-17 所示。

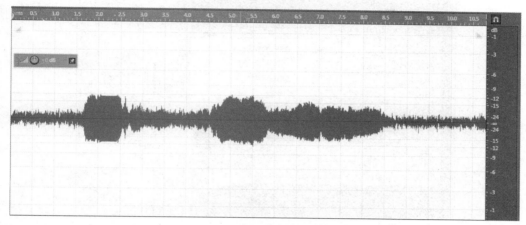

图 9-17 波形修改后效果

2. Ultrafunk fx Modulator(调节器)

该插件用于声部的移像调制,声相的调节和改变可以创造世间不存在的很多奇特声音,打开该调节器的面板调节参数,该调节器是对声音波形的比率、像位、深度、延迟、反馈等参数进行调节,如图 9-18 所示。

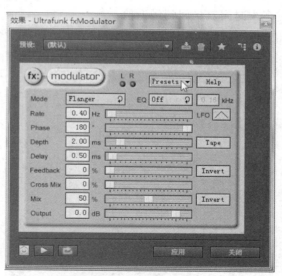

图 9-18 调节器效果

打开"预置"效果下拉菜单,选择 Special Effects(特殊效果)选项,可以选择声音的特殊处理效果来使用,这些效果用于人声处理时,可以产生有趣的结果,例如 Vocoder(声音合成)可以将人声处理成一种机器人发出的金属声质感,如图 9-19 所示。

3. Ultrafunk fx Wahwah(电吉他效果器)

Ultrafunk fx Wahwah 是吉他 Wahwah 效果器。Wahwah 最早出现在 1966 年,是一种经典的电吉他效果器。Ultrafunk fx Wahwah 专门模拟传统单块 Wahwah 效果器。

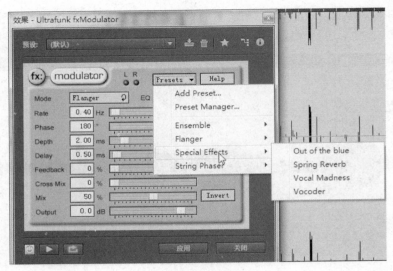

图 9-19　预置效果

打开"Wahwah 效果器"可以设置 3 种模式：Manual(手动)、Auto(自动)、Triggered(触发)，如图 9-20 所示；"Wah 参数"用来控制 Wah 包络的状态，类似于吉他手用脚来控制 Wah 效果脚踏；"Tempo(速度)"用来设置 Wah modulation 的速度，只在自动模式下有效；"Attack(打击)"指 Wah 被触发后效果到达最高值的时间，只在触发模式下有效；"Release(释放)"指触发后，经过多少时间效果回到最低值。

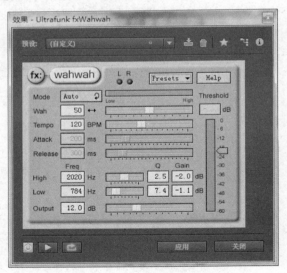

图 9-20　电吉他效果器

9.2　Waves 效果器

"Waves 效果器"是功能最为强大的计算机软件音频效果器之一，包含多个品质一流的效果器，目前版本可以支持 VST3 技术，无论是从波形分析、噪声消除、动态控制、均衡器等方面,还是从吉他效果器、传统声音模拟等方面,"Waves 效果器"都提供了更为丰富的效果,如图 9-21 所示。下面以 DeBreath(呼吸声消除器)、Q10 均衡器为例来对"Waves 效果器"进行初步了解。

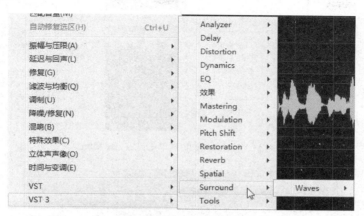

图 9-21　Waves 效果菜单

1. DeBreath(呼吸声消除器)

在录制对白或歌曲时,往往会将配音演员或歌手换气时的呼吸声采录到波形文件中,这样会影响最终节目录制的效果,而 DeBreath(呼吸声消除器)可以消除呼吸声。打开 Audition CS6,在波形编辑模式下处理要修复的波形,如图 9-22 所示。

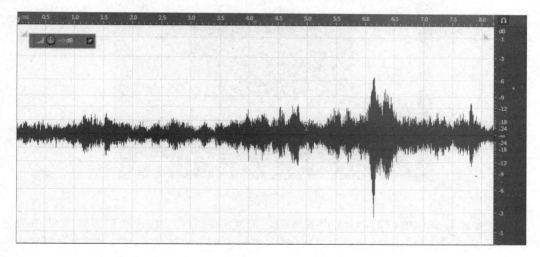

图 9-22　人声处理前

在 Waves 效果器安装完成的情况下,在"效果"菜单下选择"VST3"选项,单击 Waves 下的"DeBreath Mono(单声道呼吸声消除器)",如图 9-23 所示。

打开(图 9-24)"效果-DeBreath Mono"对话框,可以发现 DeBreath 检测输入源,利用自动计算功能将声波分为人声与呼吸杂音两轨。通过滑块改变要降低呼吸声的数量,并且可以设置是否要加入环境音。

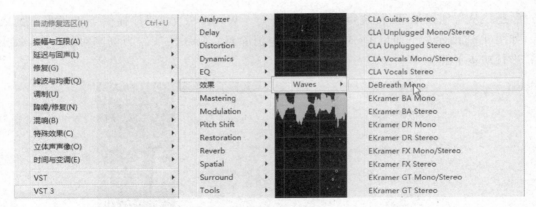

图 9-23　Waves 效果菜单 DeBreath Mono

图 9-24　"效果-DeBreath Mono"对话框

在预听波形文件的同时,对人声和呼吸的音量进行调节,直到调到满意的结果为止(图 9-25),最后单击"应用"按钮确定设置,处理后的波形中呼吸波形部分被静音,如图 9-26所示。

2. Q10 均衡器

Q10 均衡器是 Waves 的 EQ(均衡)调节部分中可以精密调节各频段波形衰减的一个均衡器(图 9-27),功能远远超过 Audition 内置的其他均衡器效果,并且 Q10 均衡器还提供特殊效果和光谱的修改,调整范围更为精确和细致。

Q10 均衡器的参数面板(图 9-28)中提供了 10 个控制点,不同的声音频段功能不同。例如,要切除录音时产生的爆破音,可以用控制点切除所有 50 Hz 左右的声音;如果人声中高频过多,声音会感觉比较刺耳(俗称声音脏),就可以通过高频切点来解决。

图 9-25　DeBreath 参数调节

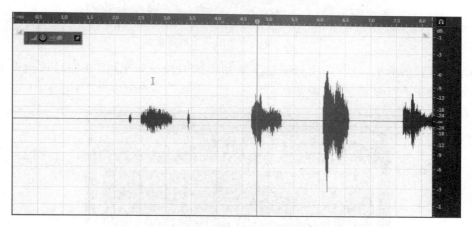

图 9-26　人声处理后的效果

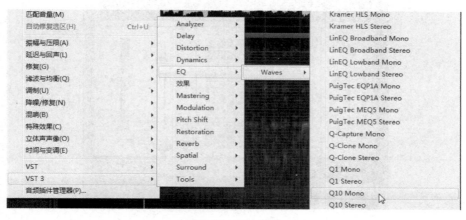

图 9-27　Q10 菜单

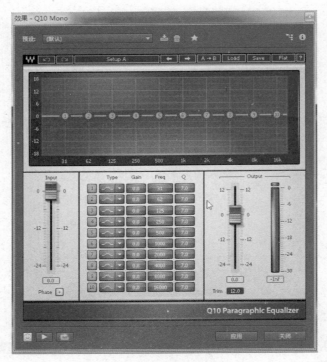

图 9-28 Q10 均衡器的参数面板

为减少设置的麻烦,Q10 均衡器提供了更加丰富的预设效果(图 9-29),该预设效果可以和参量均衡器进行对比学习(详见 8.3 节)。

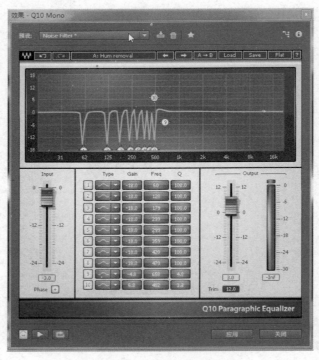

图 9-29 Q10 预设效果

注意：VST3 插件比 VST 插件更为优秀，可以占用更少的 CPU，支持环绕立体声，支持更多 MIDI 输入端口等优点。

习题

1. 熟练掌握 Audition CS6 软件中外挂插件的载入方法。
2. 从网上下载 Audition CS6 软件的其他外挂插件，并自学插件的使用方法。

第*10*章

主群组与混音器

本章导读：

本章详细介绍在多轨合成模式下，主群组与混音器面板功能的高级应用，其中包括输入/输出、效果、发送、均衡等面板功能，以及介绍包络线和自动航线的综合运用。

主群组和混音器在音频混音操作中至关重要，在窗口菜单下调出"主群组和混音器"查看，可以发现混音器左上角的 4 个图标 ⇄ fx ⌁ ⊪ 和调音台最左侧的图标所对应（图 10-1），分别表示音频轨道的输入/输出、效果控制器、发送控制器和 EQ 控制器。混音器可以控制不同音频轨道的混合和输出、添加特效效果和均衡效果等。

图 10-1 调音台

10.1　输入/输出控制器

在主群组和调音台中选择"输入/输出"按钮 ⇄，打开音频轨道的"输入/输出控制器"，单击"输入"下拉菜单，选择"无"选项，则没有输入端口；选择"单声道"选项，则选择输入端口声卡的单声道；选择"立体声"选项，则选择输入端口声卡的立体声；选择"音频硬件"选项，则打开首选项的"音频硬件"选项卡进行设置，如图 10-2 所示。

单击"输出"下拉菜单，选择"无"选项，则没有输出，即使播放音频也听不到声音；默认"主控"选项，代表该音频轨道的声音输出到主控轨道中；选择"总线声轨"选项，则将该音频轨道的声音输出到已添加的总线轨道上，并可以进一步编辑和添加效果；选择"单声道"选项，则选择输出端口声卡的单声道；选择"立体声"选项，则可以选择输出端口声卡的立体声；在连接环绕立体声设备的前提下，选择"5.1"选项，则控制输出到环绕立体声设备中，如图 10-3 所示。

图 10-2　输入参数的设置

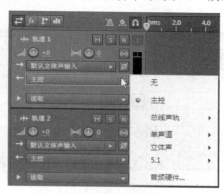

图 10-3　输出参数的设置

10.2　效果控制器

在主群组和调音台中单击"效果"按钮 fx，打开音频轨道的"效果控制器"（图 10-4），单击左侧的三角形按钮，即可添加效果器，一个轨道最多可以添加 16 个音频效果，效果添加后，也可以更改效果器或清除效果器。

在如图 10-5 所示的"效果控制器"中，单击"FX 预衰减/后衰减"按钮 →↑（俗称推前/退后），可以控制在发送和 EQ 处理的前后位置。"推前"按钮 →↑ 可以控制在发送和 EQ 处理之前添加效果；"推后"按钮 ⇄ 可以控制在发送和 EQ 处理之后添加效果，则在发送端监听不到效果的添加。

图 10-4　效果控制器按钮

图 10-5　效果控制器

10.3 发送控制器

单击"发送"按钮 ⬆, 打开"发送控制器"(图 10-6), 单击"发送电源"按钮 ⏻, 可以控制该音频轨道的信号是否发送出去, 单击"发送"电源按钮右侧的三角形按钮, 弹出级联菜单, 选择"无"选项, 则不发送音频信号, 选择"添加总线声轨"选项, 可以添加总线声轨, 然后可以选择要发送到的总线轨道。

可以将多个音频轨道的声音信号发送到同一个总线轨, 即可通过在总线轨上添加效果来对多个音频轨道进行效果处理。发送控制器面板也有"发送预衰减/后衰减"按钮(俗称"推前/退后"按钮, 如图 10-7 所示), 选择"推前"按钮 ⬆, 则发送到总线轨道的音频不受该音频轨道音量的影响; 选择"退后"按钮 ⬇, 则发送到总线轨道的音频会受该音频轨道音量的影响。

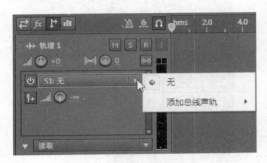

图 10-6 发送控制器

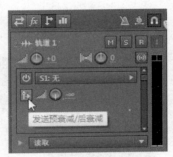

图 10-7 "推前/退后"按钮

10.4 均衡控制器

在主群组或者混音器单击"EQ"按钮 ▥, 打开"均衡控制器"(图 10-8), 主要用于调节音乐的效果, 来增强音乐的播放质量。

图 10-8 均衡控制器

单击"显示 EQ 编辑窗口"按钮 ✏, 打开"均衡编辑面板"(图 10-9), 提供了 7 个控制点, 所以最多可以调节 7 个频段的均衡。"HP"按钮可以设置第一个 EQ 点的下限滤波器, "LP"按钮可以设置最后一个 EQ 点的上限滤波器。

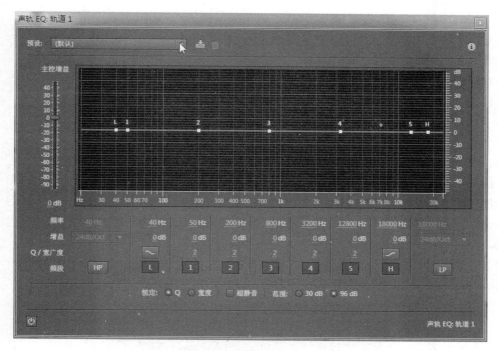

图 10-9　均衡编辑面板

推前/退后与 EQ、发送控制器、音量控制、效果器加载之间的关系可以用图示的方式来表示音频控制的走向，如图 10-10 所示。

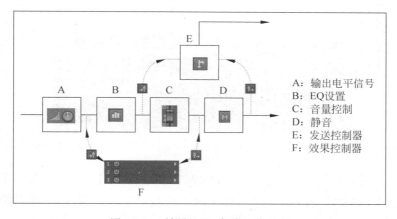

A：输出电平信号
B：EQ设置
C：音量控制
D：静音
E：发送控制器
F：效果控制器

图 10-10　效果、EQ、衰减的关系图

10.5　包络线和自动航线技术

对音频剪辑、添加特效完成后，有时需要对音频的音量、声相进行适当调节，这时要用到包络线技术。包络线包括控制音频音量、声相和 EQ 等几类控制线，音量包络线可以调节音频的音量随时间的变化而不断变化；声相包络线可以控制音频声相时左时右的效果。声相是指由双耳感觉出来的声音位置及其运动，将同一声音信号分别通过两个耳机送入人的双

耳,分别调节两个耳机的音量,当左右耳机音量相同时,声音仿佛位于听众正前方;当左边音量逐渐提升、右边音量逐渐降低时,声源仿佛从右向左移动。反之,声源仿佛从左向右移动。

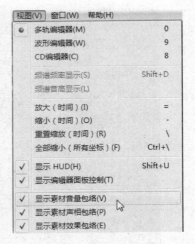

图 10-11　显示包络线菜单

1. 手动设置包络线

手动调节波形上的包络线,首先要将包络线显示出来,在"视图"菜单下,将"显示素材音量包络"、"显示素材声相包络"复选框选中,如图 10-11 所示。

注意:各类包络线均在多轨合成模式下设置使用。

波形上淡黄色的线为音量包络线,鼠标在音量包络线上单击可以添加控制点(图 10-12),并拖动控制点调整其位置,改变该控制点处的音量大小,向上调节音量变大,向下调节音量变小,添加两个控制点就可以控制音量的淡入,如图 10-13 所示。

图 10-12　音量包络线

图 10-13　音量淡入

波形上淡蓝色的线为声相包络线,鼠标在声相包络线上单击同样可以添加控制点(图 10-14),拖动控制点即可调整其位置,改变该控制点处的声相位置,向上调节左声道音量变大,右声道音量变小,向下调节则相反,利用两个控制点可以制作出声音从左向右移动的效果,如图 10-15 所示。

图 10-14　声相包络线

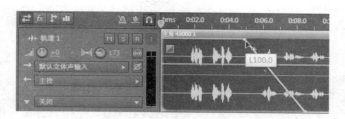

图 10-15　声相改变

为将音量或声相效果改变的更加平滑，则将包络线的直线段修改为曲线，在包络线上右击，在弹出的菜单中选择"曲线"选项（图 10-16），则将包络线直线变成曲线，如图 10-17所示。

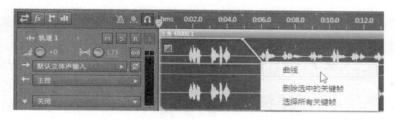

图 10-16　改变为曲线

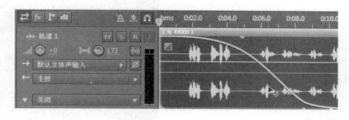

图 10-17　曲线包络线

如果要删除在包络线上所做修改，则在包络线上右击，在弹出的菜单中选择"删除选中关键帧"选项（图 10-18），或者直接将控制点拖动出波形删除。

图 10-18　删除关键帧

2. 自动航线

自动航线在不对音轨波形进行破坏的前提下，也是对声音波形进行音量、声相、效果等参数进行调整，与设置包络线的最大区别在于：自动航线是对整个音频轨道进行的实时调整，手动设置包络线是对单个的音频剪辑片段进行的实时调整。

　　自动航线共有 5 种控制模式,单击"音轨自动化模式"下拉菜单(图 10-19),在下拉列表中可以看到"关闭"、"读取"、"写入"、"锁定"和"触发"5 种模式。音轨的自动航线类型共有 4 种,分别为"音量"、"静音"、"声场"和"声轨 EQ",如图 10-20 所示。

图 10-19　自动化模式菜单

　　在关闭模式下,该音轨所有自动航线都将不起作用,也就是说,在关闭模式下选择自动航线类型为"音量",虽然可以进行音量自动航线的修改,但文件的音量却不会受到自动航线的影响。

　　在写入模式下对音量自动航线进行操作,在播放音频的过程中调整音量的大小,自动航线则会完全跟随着定义的音量值而改变,如图 10-21 所示。

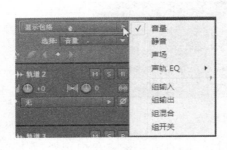

图 10-20　自动航线类型　　　　　　　　图 10-21　写入模式

　　在触发模式下对音量自动航线进行操作,同写入模式类似,也可以在播放音频的过程中调整音量的大小,不同的是,如果停止了对自动航线的调整,自动航线则会恢复到上次录制的数值,如图 10-22 所示。

图 10-22　触发模式

　　自动航线的读取模式比较容易理解，在该模式下播放音频，音轨的音量、声相或者 EQ 则会按照自动航线的位置做出相应改变，但是在播放过程中所做的各项调整不被录制，如图 10-23 所示。

　　在锁定模式下对音量自动航线进行操作，类似于触发模式，但与触发模式不同的是，如果停止了对自动航线的调整，自动航线不会恢复到上次录制的数值，而是沿着变化的音量继续播放，如图 10-24 所示。

图 10-23　读取模式

图 10-24　锁定模式

　　静音、声相、EQ 等其他类型的自动航线，在这 5 种不同模式下设置的方法均相同，在此不再一一列举。在自动航线下方，有控制锁定防止自动写入的"锁定"按钮和擦除所有控制点的"橡皮擦"按钮，以及对控制点进行前一个、后一个选择的按钮，如图 10-25 所示。

图 10-25　防写入按钮

习题

1. 主群组和混音器包括哪几个面板，其作用是什么？
2. 利用自动航线或者音频包络线将一首歌曲处理成淡入淡出效果。

第 11 章

立体声技术

本章导读：

本章介绍利用 Audition CS6 制作 5.1 环绕立体声音乐的实例，为声音的制作提供更为丰富的效果和更广阔的创作空间。

立体声技术是利用电声原理在重放声音时再现声源现场的空间方位感和立体感的一种技术。利用了人的双耳效应原理，不仅使聆听者能感受到声音强度、音调和音色的变化，而且能基本上再现实际声场中各种声源的方位和空间分布效果。而 5.1 声道立体声是目前比较完美的高质量声音还原技术，可以使听众真正体会到身临其境的感觉。

11.1　5.1 立体声的概念

5.1 立体声实际上是 6 个声道，5 个声道是全频带信号，分别为左声道、右声道、中置声道、左环绕和右环绕，全频道的频带带宽为 20～20kHz，一个声道是次低音信号，该声道音频的频带带宽只有 20～120Hz，因此称为".1"。

5.1 立体声的最大优点就是声相的定位，发声距离及角度可以营造真实的声音场景，配合着 5.1 音箱的放置（详见 1.4.5 节），可以使听众感受到不同的声源位置。

11.2　5.1 立体声的制作

在 Audition CS6 中，直接选择"窗口"菜单下的"声轨声相"命令（图 11-1），即可打开"声轨声相"对话框（图 11-2），但是，该对话框是处于不能编辑的状态，代表此时的模式不支持声轨声相的调节，该对话框只允许在 5.1 多轨合成模式下使用。

在"文件"菜单下，新建一个"多轨合成项目"（图 11-3），在打开的对话框中修改项目存储位置和项目名称，并将主控轨设置为 5.1 声道，然后单击"确定"按钮，如图 11-4 所示。

图 11-1 "声轨声相"命令

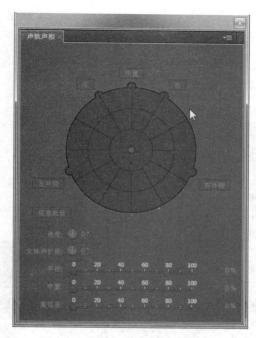

图 11-2 "声轨声相"对话框不可用

图 11-3 新建项目

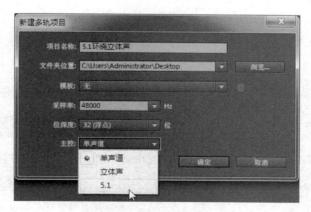

图 11-4 建立 5.1 轨道项目

在新建的 5.1 声道多轨项目中，发现轨道设置中声相设置的改变，在原来的左右双声道设置按钮的位置，出现"声轨声相调节"按钮（图 11-5）。双击该按钮，打开"声轨声相"对话框，此时该对话框可以调节，如图 11-6 所示。

其中，听众处于发声圆周的圆心，"角度"为设置声相处于整个发声圆周的角度；"立体声扩散"为声音扩散的角度范围；

图 11-5 "声轨声相"按钮

"半径"为声相与听众所处圆心的距离;"中置"为重置音箱的音量;"重低音"为次低音的音量。

在轨道中,将控制上述几个参数的自动航线打开(图 11-7),选中"角度"、"半径"、"中置"、"重低音"和"立体声扩展"复选框。

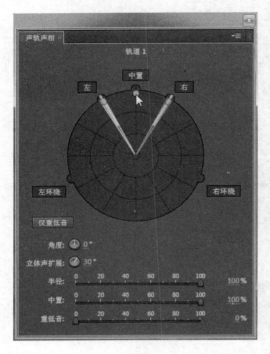

图 11-6 "声轨声相"对话框可用

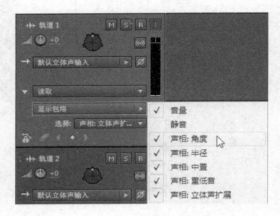

图 11-7 选择自动航线

在该轨道中拖入要处理的声音波形,将鼠标放在自动航线上就可显示该航线的名称,如图 11-8 所示。

图 11-8 声相角度航线

将自动航线的自动化模式修改为"写入",然后播放声音波形文件,在播放的同时,拖动声轨声相面板中的控制点(图 11-9),在监听声音播放效果的同时,对各项参数进行修改,首先令左右声道和中置声道发声,然后拖动控制点顺时针环绕,令右声道、右环绕、左环绕、左声道依次发声(图 11-10~图 11-14),控制重低音只在前 20 秒有信号输入。

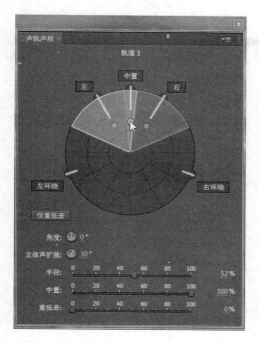

图 11-9　变化声相 1

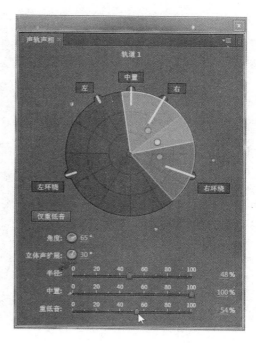

图 11-10　变化声相 2

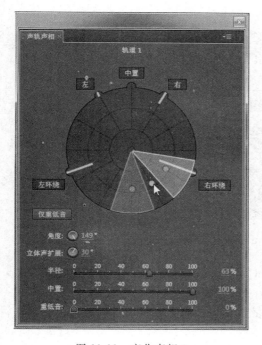

图 11-11　变化声相 3

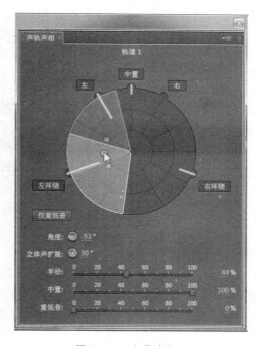

图 11-12　变化声相 4

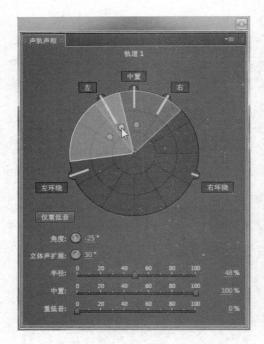

图 11-13　变化声相 5

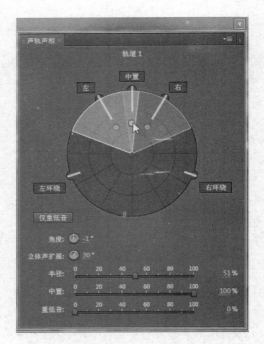

图 11-14　变化声相 6

　　各项参数及时被写入到各个自动航线中(图 11-15),在该声音波形再次被读取时,听众便可听出声音绕听众环绕一周的感觉。

　　如果要导出 5.1 环绕立体声,在立体声混缩被导出之前,自动航线要先选中"重低音"(图 11-16),以防止导出 5.1 立体声时次低音信号不被导出。

图 11-15　写入 5.1 自动航线

图 11-16　选择重低音

　　在"文件"菜单下选择"导出"→"多轨混缩"命令(图 11-17),打开"导出多轨缩混"对话框,设置要保存的音频位置、声音、格式等,如图 11-18 所示。

　　在文件面板中双击导出的 5.1 混缩音频,则将该处理好的音频在波形编辑模式下打开,即可查看各个通道的音频信号,如图 11-19 所示。

　　可以将 5.1 声道缩混音频按照单个声道保存,在"编辑"菜单中选择"提取声道为单声道文件"选项(图 11-20),则 6 个声道的音频分别以单声道的形式保存(图 11-21),然后分别选中各个波形文件,在"文件"菜单下选择"另存为"选项,弹出"另存为"对话框,如图 11-22 所示。

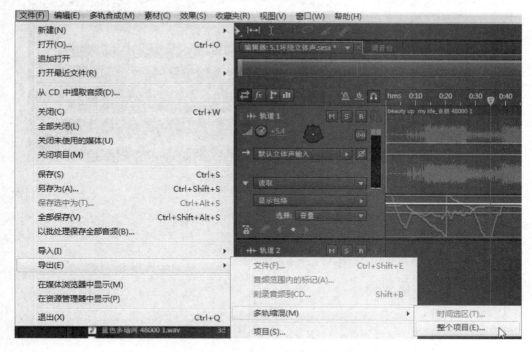

图 11-17 导出 5.1 缩混音频的操作

图 11-18 选择导出音频格式

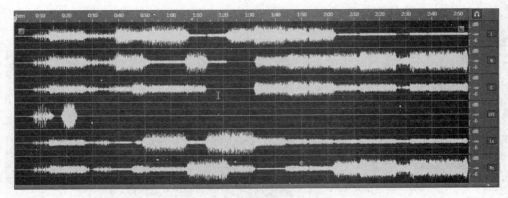

图 11-19　查看导出音频波形

图 11-20　"提取声道为单声道文件"选项　　　　　图 11-21　选择单声道文件

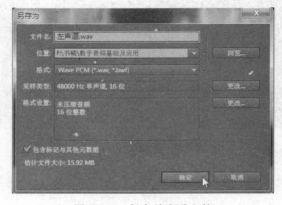

图 11-22　保存单声道文件

注意：在声音素材的编辑中，不要把.1 声道当成全频带使用，使用前要将该声道120Hz 以上的信号用滤波器过滤掉。

习题

1. 简述 5.1 立体声的概念。
2. 将一个双声道的音频片段处理成一段 5.1 环绕立体声。

第 12 章

收藏夹与批处理

本章导读：

Audition 为处理大量同样操作的音频片段提供了收藏夹与批处理功能，可以简化大量烦琐、重复的操作，极大地提高了音频处理的工作效率。

Audition CS6 版本进一步简化之前版本的脚本功能，将记录软件操作集合到收藏夹中，操作起来更加简单便捷。

12.1　收藏夹与批处理的使用

收藏夹可以记录一些操作流程，每个操作流程都可以记录对音频文件的一系列操作，可以对某一个音频片段进行多个收藏夹流程的操作，也可以对多个音频片段进行某个收藏夹流程的批处理操作。录制收藏效果有两种情况，一种从最开始的空白文件进行录制；另一种从已打开的波形上开始录制。

1. 从空白文件开始录制收藏效果

从空白文件开始录制一段怪异的音频，在"收藏夹"菜单下选择"开始记录收藏效果"选项（图 12-1），则接下来所做的生成音频、添加效果等有效操作都会被记录下来。

新建一段音频文件，在"新建音频文件"对话框中设置"采样率"、"声道"和"位深度"等参数，如图 12-2 和图 12-3 所示。

在空白的波形文件上生成一段音调，在"效果"菜单中选择"生成音色"选项，如图 12-4 所示，打开"效果-生成音色"对话框。

在打开的"效果-生成音色"对话框中设置参数调节音调（图 12-5），单击"确定"按钮生成一段波形，如图 12-6 所示。

在该波形上添加效果，选择"特殊效果"下的"多普勒频移（破坏性处理）"命令（图 12-7），在弹出的对话框中设置"Large Track"预设效果，如图 12-8 所示。

图 12-1　"开始记录收藏
效果"选项

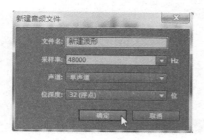

图 12-2 新建波形

图 12-3 新建单声道波形

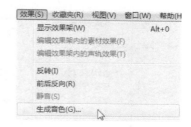

图 12-4 "生成音色"选项

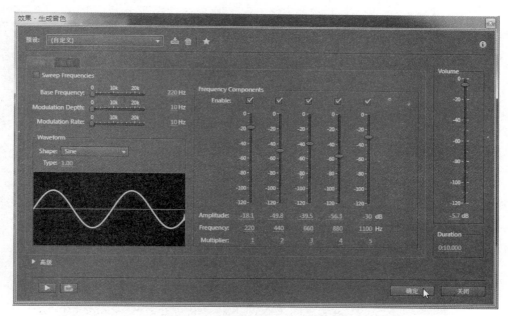

图 12-5 "效果-生成音色"对话框

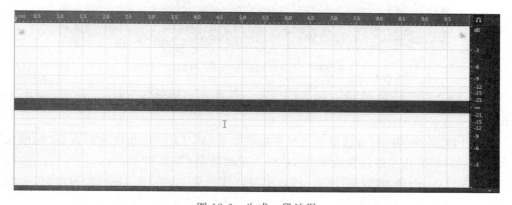

图 12-6 生成一段波形

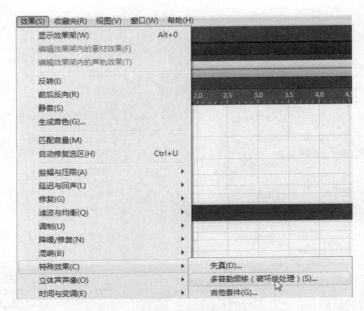

图 12-7　添加多普勒频移效果的操作

图 12-8　"多普勒频移效果"对话框

　　经过如上操作，波形处理为图 12-9 的效果，然后继续添加"混响"效果，如图 12-10 所示。

　　在打开的"效果-混响"对话框中进行参数的设置（图 12-11），并将波形进行"标准化"操作（图 12-12），标准化参数设置为 98％，最终完成的效果，如图 12-13 所示。

　　操作完成后，选择"收藏夹"下的"停止记录收藏效果"选项（图 12-14），弹出"保存收藏"对话框（图 12-15），为生成波形的一系列操作命名为"生成怪声"，单击"确定"按钮。

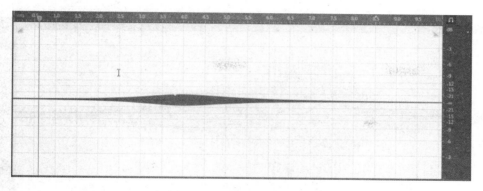

图 12-9　波形处理后的效果

图 12-10　添加混响效果的操作

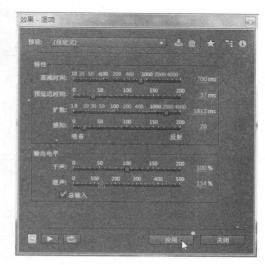

图 12-11　"效果-混响"对话框

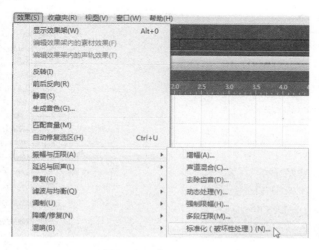

图 12-12　标准化波形

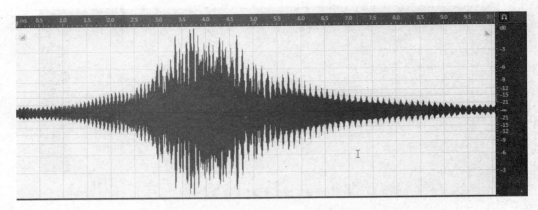

图 12-13 波形标准化后的效果

在需要再次操作刚才几步时，直接单击"收藏夹"菜单，在下拉菜单中选择新保存的收藏效果"生成怪声"选项即可，如图 12-16 所示。

想要删除保存的收藏效果，则选择"收藏夹"下拉菜单中的"删除收藏效果"选项（图 12-17），选择要删除的收藏效果，单击"确定"按钮即可，如图 12-18 所示。

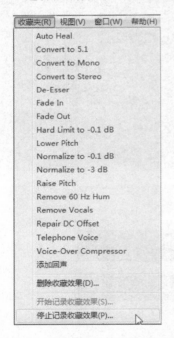

图 12-14 "停止记录收藏效果"选项

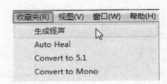

图 12-16 "收藏夹"菜单

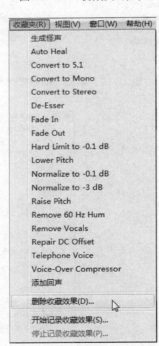

图 12-15 "保存收藏"对话框

图 12-17 "删除收藏效果"选项

图 12-18　选择要删除的项目

2. 从已打开波形上录制收藏效果

首先打开一个要处理的波形（图 12-19），然后选择"收藏夹"菜单下的"开始记录收藏效果"选项，如图 12-20 所示。

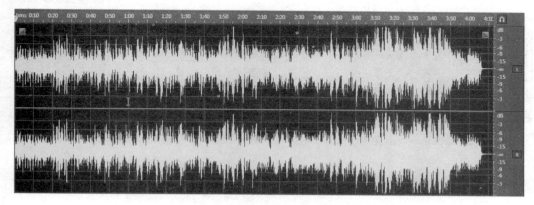

图 12-19　打开任意一个波形

之后的操作都会被记录下来，选择"效果"→"振幅与压限"→"标准化（破坏性处理）"命令，将波形进行标准化处理（图 12-21），在弹出的对话框中修改标准化参数为 98%，如图 12-22 所示。

图 12-20　"开始记录收藏
效果"选项

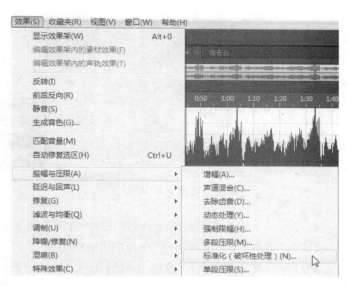

图 12-21　"标准化（破坏性处理）"命令

为标准化后的波形添加"回声"效果(图 12-23),设置完成后结束收藏夹的记录操作,选择"收藏夹"菜单下的"停止记录收藏效果"命令(图 12-24),在弹出的"保存收藏"对话框中为该收藏效果命名为"添加回声",然后单击"确定"按钮,即可保存收藏效果,如图 12-25所示。

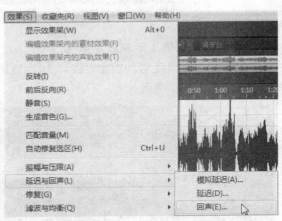

图 12-22　标准化参数的设置

图 12-23　添加回声效果的操作

图 12-24　"停止记录收藏效果"命令

图 12-25　"保存收藏"对话框

打开另一个要处理的波形文件(图 12-26),则不需要按照上述步骤重新操作,只需要选择"收藏菜"菜单下的"添加回声"命令即可,如图 12-27 所示。

新打开的波形文件就会按照之前所记录的一系列操作进行自动处理,如图 12-28 和图 12-29所示。

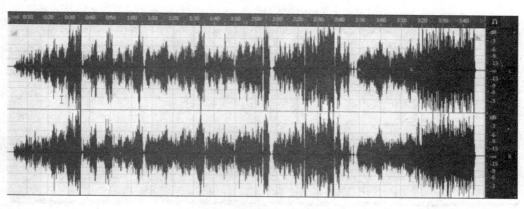

图 12-26　打开新波形文件

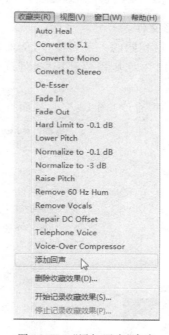

图 12-27　"添加回声"命令

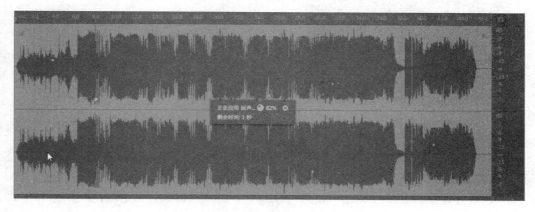

图 12-28　收藏效果运行中

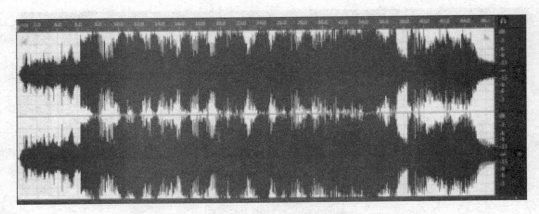

图 12-29 波形处理后的效果

3. 利用批处理操作多个波形文件

如果有一批音频文件都需要做相同的一系列操作,例如目前有 8 个音频文件都需要标准化处理和添加回声的操作(图 12-30),则需要利用"批处理"命令,对所有音频文件进行收藏夹的添加回声处理。

在"编辑"菜单下,选择"批处理"命令(图 12-31),从而打开"批处理"对话框。

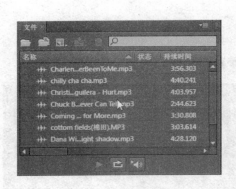

图 12-30 "文件"菜单

图 12-31 "批处理"命令

将要处理的所有音频文件都拖入"批处理"面板中(图 12-32),在"应用收藏效果"下拉菜单中选择之前保存的"添加回声"选项,如图 12-33 所示。

单击"批处理"对话框中的"导出设置"按钮,对导出文件的文件名、保存位置、保存格式、采样类型等进行设置,如图 12-34 和图 12-35 所示。

图 12-32　拖入要处理的文件

图 12-33　"应用收藏效果"下拉菜单

图 12-34　单击"导出设置"按钮

图 12-35　设置文件导出格式

设置完成后，在"批处理"对话框中单击"运行"按钮即可（图 12-36），拖入到"批处理"对话框的所有波形文件均会按照"添加回声"收藏效果进行处理，如图 12-37 所示。

图 12-36　单击"运行"按钮

图 12-37　批处理运行

12.2 标记与批处理保存实例

在波形编辑模式下,标记的使用可以方便波形的查看和处理。点标记可以记录关键的时间点位置,便于播放位置的快速选择;范围标记可以标记波形中的一个时间片段,可以将该时间片段进行快速选择,并且可以将一个文件中多个范围标记的时间段,用批处理的方式分别进行快速保存。

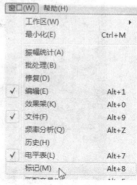

图 12-38 "窗口"菜单

1. 标记的使用

在"窗口"菜单下选择"标记"选项(图 12-38),打开"标记"对话框。

将播放指针拖放到要添加标记的时间点上,在标记面板中单击"添加点标记"按钮(图 12-39),则在播放指针处添加了一个点标记。

用上述方法,在该波形上添加两个点标记(图 12-40),可以发现面板中的"开始时间"记录下该标记所在的时间位置,点标记没有"结束时间",在播放面板中单击"后一个"按钮 ⏭,即可跳转到后一个标记位置,单击"前一个"按钮 ⏮,即可跳转到前一个标记所在位置,这样就可以快速跳转到需要处理的波形位置。

图 12-39 添加点标记

图 12-40 添加第二个点标记

两个点标记可以合并为一个范围标记,在面板中选中两个点标记,单击"合并选中标记"按钮即可,如图 12-41 所示。

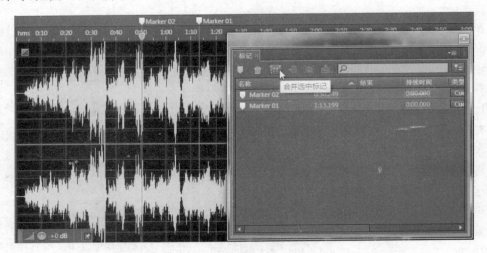

图 12-41　合并两个点标记

范围标记会以两个点标记为起点和终点,开始位置的时间默认为时间点在前的点标记位置,结束位置的时间为时间点在后的点标记位置,如图 12-42 所示。

图 12-42　转化为范围标记

可以将范围标记添加到"播放列表"(图 12-43),单击"标记"对话框中的"插入选中范围标记到播放列表"按钮,在播放列表中,选择要播放的范围标记,单击"播放"按钮,即可预听该范围标记中的波形,如图 12-44 所示。

图 12-43　插入到播放列表

图 12-44　播放范围标记

范围标记也可以转化为点标记，拖动范围标记的开始点或者结束点移动即可，鼠标放在结束点位置不放，鼠标变成小手时向左拖动，如图 12-45 所示。

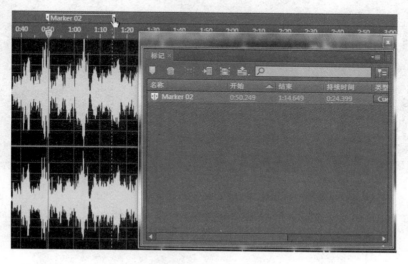

图 12-45　拖动范围标记

将结束标记拖动到和开始标记重合时，该范围标记即转化成一个点标记，如图 12-46 所示。

图 12-46　转化为点标记

2. 批处理保存范围标记

在录制人声对白时,可以将所有的对白都录到一个音频文件中,在每句对白之间留有较大的时间空隙,便于后期分割对白时操作。例如,有 20 句对白的波形,每句对白之间的时间间隙都在半秒钟以上,如图 12-47 所示。

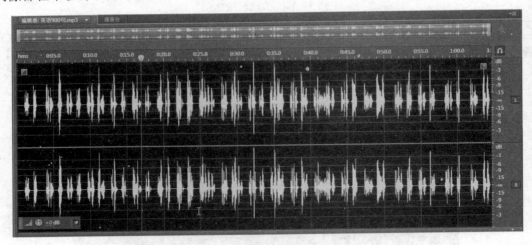

图 12-47 人声波形

在"效果"菜单下选择"修复"→"删除静音(破坏性处理)"命令,如图 12-48 所示。

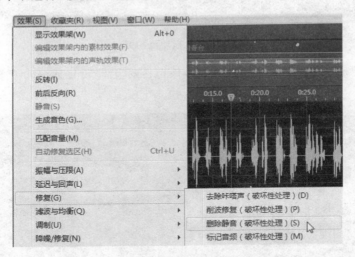

图 12-48 "删除静音(破坏性处理)"命令

在弹出的"修复"对话框中单击"设置"按钮,用来设置什么样的波形片段为静音区,如图 12-49 所示。

由于每段对白之间都有半秒钟以上的空白,所以可以开始设置静音区为 500ms 以上(图 12-50),设置完成后单击"扫描"按钮来查看音频个数,如果和对白数目不相符,则修改各个参数,当扫描到 20 段音频后,最终确定静音为 570ms 以上,信号在 −66dB 以下,定义音频为 550ms 以上,信号在 −63dB 以上,并在"效果"下拉菜单中选择"标记音频"选项,如图 12-51 所示。

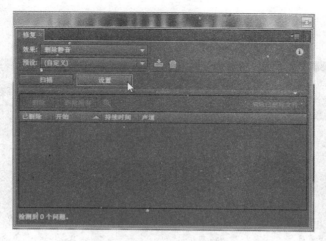

图 12-49 设置静音区的操作

图 12-50 设置静音区

图 12-51 扫描并标记静音区

单击修复面板中的"标记全部"按钮，可以发现 20 段对白分别被范围标记标出，如图 12-52所示。

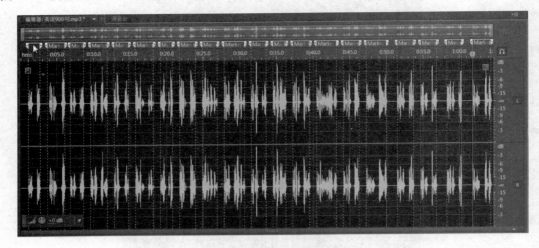

图 12-52　用范围标记标出每段音频

然后可以将这 20 段范围批处理保存起来，单击"标记"对话框中的"导出选中范围标记的音频为分离文件"按钮，如图 12-53 所示。

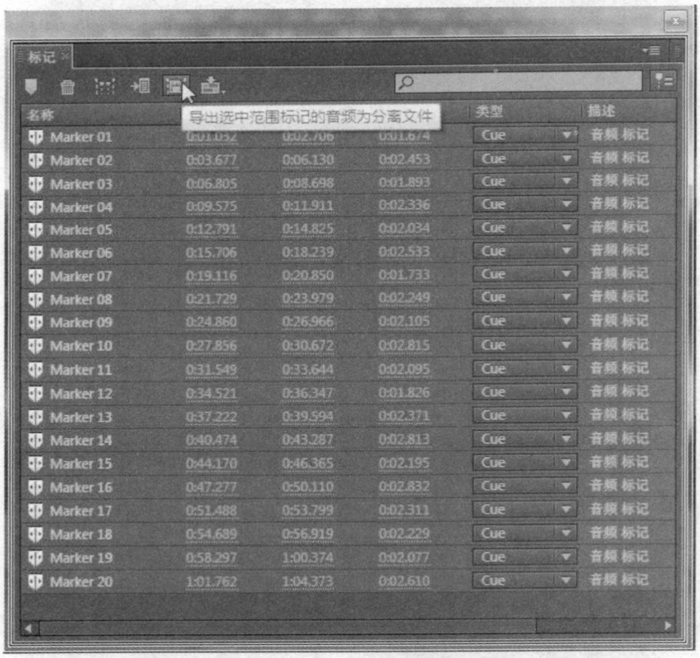

图 12-53　导出标记

在"导出范围标记"对话框中，设置片段保存的名称和位置，然后分别设置片段要保存的采样类型和格式，最后单击"导出"按钮即可，如图 12-54 所示。

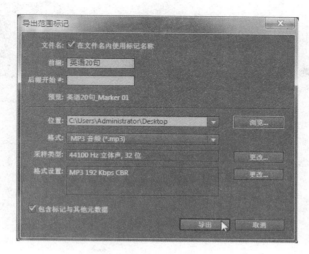

图 12-54 保存各段范围

　　还可以将所有的范围标记片段分别插入到多轨合成模式的各个轨道中,单击"标记"对话框中的"插入到多轨合成中"按钮(图 12-55),每段对话波形文件则被分别插入到单独的一个轨道中,如图 12-56 所示。

图 12-55 "插入到多轨合成中"按钮

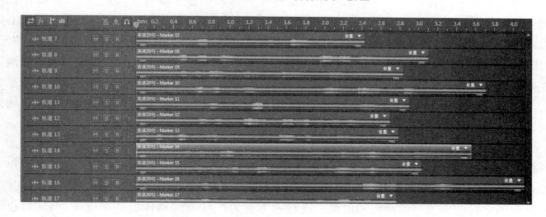

图 12-56 插入多轨

习题

　　1. 将"生成一段 10 秒钟的静音"添加到收藏夹。

　　2. 打开一段波形文件,分别在第 10 秒、第 20 秒、第 30 秒、第 40 秒和第 50 秒的位置上做点标记,并将前五段音频利用"批处理"命令分别保存。

第 13 章

广播剧的制作

本章导读：

本章主要介绍广播剧的由来和发展，较全面地讲解广播剧在制作中的各个阶段，以及一些广播剧录制方面的经验和技巧。

广播剧是一种声音艺术，是一种适应电台广播的需要而产生的艺术形式，是完全依靠听觉来欣赏的戏剧，因此它具有独特的艺术表现和录制技术，以人物对对话和解说为基础，充分运用音乐伴奏、音响效果来加强气氛。本章将对广播剧的制作进行具体的探讨。

世界上的第一部广播剧是英国伦敦广播电台于 1924 年 1 月 15 日中午时段播出的《危险》，讲述了矿工们在矿井中作业时发生的故事。其作者理查·修斯在写剧本时，排除了任何可视的条件，一开始就巧妙地把人们引到只有"听觉"的世界。一部广播剧从表现形式上看，就像一部"交响乐"一样，把"剧本中的文字"、"演员的表情"、"剧中所规定的时间、空间"、"建筑"、"色彩"、"动作"、"情感"都声音化，用声音塑造形象，表现环境，推动剧情发展。想制作好一部广播剧，首先必须要了解和掌握这个特征，掌握声音所特有的艺术表现形式，熟悉它的可能性和局限性。只有能够在广播剧里体现的东西，才能写进剧本，否则就会遇到问题。

舞台剧或电影、电视剧都有可视的人物形象。并且可用灯光、服装、布景、动作、表情来衬托剧词，使观众明白前后的情节、场景、人物造型等。只要故事写得好，或者演员表演得好，就可以吸引观众。但是，广播剧没有这些条件，唯一的表现元素就是声音。听众只能从声音中感觉到剧中的一切动作和情调。这在一方面为广播剧的制作提高了难度，但同时也打造出了广播剧独有的艺术魅力。

下面在剧本已完成的前提下介绍一下广播剧的制作阶段。

13.1　选择配音演员

能否找到合适的配音演员是衡量一部广播剧导演水平高低的重要标准。这是在正式录制之前必须做好的准备工作。

广播剧配音演员的音色在听众眼里就是话剧、影视剧演员的外形，是演员的个性。有的广播剧不能给听众留下深刻的印象，就是因为其演员的个性没有突出。相反，如果个性突出，听众就会牢牢地记住角色形象。为了能使作品获得成功，导演在选择演员时必须下很大的工夫。"演员选对了，戏就成功了一半。"这是影视界、戏剧界的一条不成文的经验，广播剧自然也是如此。

在选择演员的过程中要注意以下4点。

（1）尽量找与剧中人物音质、音色近似的本色演员。广播剧选择演员要尽量找和剧中人物音质、音色相近、相似的演员。这也是广播剧和影视剧、话剧等艺术的区别之一。广播剧给予演员施展能力的空间有限，广播剧的制作能力也有限，不像影视剧和话剧，其辅助演员塑造角色的手段有很多。演员施展才华的空间也较大，甚至借助于高科技手段。即使是话剧，通过化妆、服装以及形体的造型，灯光、布景的配合，舞台调度的辅助，可以塑造出各种性格不同的角色。而广播剧则被剥夺了这一切手段，只能靠演员的声音进行塑造。"声音化妆"在舞台上是可以的，而在广播剧里却是犯忌，不是说完全不能用，一定要在生活化的前提下适度使用。在广播剧里最忌讳拿腔作调演播，除非是出于特殊的需要。演员在塑造角色时，如果始终用他很不习惯而且不熟练、不自如的感觉演戏，肯定塑造不好角色。有一位语言功力很强的演员，塑造过许多成功的角色，曾给许多有关周总理的影视片配过音。但有一部戏请他给周总理用普通话配音时，他婉言谢绝了，主要原因是用方言配音，他已经得心应手，能非常自如地把音配好。但是用普通话，他觉得自己的优势不突出，甚至不自信。这个演员是很有自知之明的。而有的演员什么角色都敢接、都敢演，说明他对艺术的深度和广度还缺乏了解，对自己的能力也缺乏了解。我们讲用本色演员，就是让演员用自己最熟悉、最习惯、最自然的发音状态塑造角色。广播剧的优势就在于不借助于除声音之外任何复杂的技术手段，用优美动人的语言，把人们带到一种想象中的美好境地，达到一种尽善尽美的艺术享受。越是简洁的东西，缺憾就越少，想象就越丰富。所以用与剧本角色相似的演员，是广播剧的艺术特点所决定的。

（2）选择语言表现力较强的演员。语言表现力强，主要指能让听众仅从人物的语言这个单一角度即可明白人物的性格和情绪。演员声音的可塑性大小是可以看出他的表现力的。青年与老年，绅士与暴徒如果都可以表现得恰如其分，这样的演员就是很难得的，需要予以重视。一部优秀的广播剧需要那些不仅能表现鲜明个性的人物，而且能表现人物细微差别的演员来担任主角。语言表现力强的演员不仅能加强剧中人物在听众头脑中的印象，还能弥补剧本台词对人物性格描绘的不足。

（3）注意演员声音的美感。除非剧中人物的特殊需要，一般在广播剧中不会选择声音不具美感的演员。因为广播剧是听觉艺术，不具备直观的艺术特征，不像视觉艺术那样有着确定的强迫性。视觉艺术在表现上往往总会让某一部分观众得不到满足，因为演员的形象与观众头脑中想象出来的形象不符。而广播剧没有此类问题，因为它是一种想象的艺术，它可以调动听众们的想象力来填补他们的感受。因此，美好的声音令人想象到美好的形象，尤其是正面角色，必须选择声音具有美感，听上去令人舒服的演员。即使是反面角色，也不能选择那类声音干涩嘶哑，或过于高亢、沉闷，有着较重鼻音、口腔杂音等的演员，因为广播剧最主要的一点是让人能听清楚。这样才能增强广播剧的艺术感染力和美感。

（4）注意音色，参考气质。在音色符合导演对剧中人物构思的情况下，还要注意演员的气质。广播剧演员既不在话剧的假定环境中进行表演。也不在影视剧的真实环境中进行表演，而是在只有话筒的想象环境中，用台词进行表演，留给听众的只是听觉形象，而没有直接的视觉形象。导演选择演员时不必考虑演员的外形条件，但要特别注意气质与声音的统一、吻合。气质是通过声音来表现的，只有一致才能更好地塑造鲜明的人物形象。但是，也有这样的情况，演员的气质很适合扮演某一角色，而声音条件不太理想。如果遇到这种情况，应以气质选择为主，用演员的表演及驾驭声调的高度技巧来弥补声音条件的不足。尽量避免角色只有声音特征而缺乏人物性格特征的现象出现，也可防止声音造型的形式主义和程式化。

以上是选择演员时应注意的几点问题。除此以外，在排演具体剧本时，还要从剧本出发进行选择。在初步选定所扮演角色的演员之后，最好进行一下试录，演员通过话筒录到磁带上的声音，又从磁带经过监听放大器反映出来，可以发现是否会出现演员之间的声音相似，如果出现这种情况就要考虑更换演员了。声音太相似会使听众混淆剧中人物，对剧情产生错觉和误解。优秀的广播剧应该能够做到让听众只凭听觉即可辨认出不同人物，并能掌握人物的个性。

13.2　确定音响效果

音响效果是指除语言和音乐以外的各种声音，专为配合戏剧演出所设计、配置的种种音响，简称"效果"。它依据剧本内容和统一构思的要求，运用各种技巧，艺术地再现自然界（如鸟叫、风声、雨声、雷电等）、社会生活（如放鞭炮、开动机器、鸣汽笛、撞钟声）以及精神领域或人物的内心活动（包括回忆、想象等）中出现的各种纷繁复杂的音响现象，以听觉形象辅助演员表演，烘托场景气氛，刻画人物心理活动，增强艺术感染力。

音响效果可分为有音源音响效果与无音源音响效果两大类。有音源音响效果可称为"现实性效果"，无音源音响效果可称为"非现实性效果"。有音源音响效果同无音源音响效果的有机结合，还可派生出混合性的音响效果。

音响效果在广播剧中的作用如下。

（1）加强生活真实感，使演员的表演更加真实、生动，衬托、表现出人物的思想感情和精神世界，突出人物性格。

（2）作为剧本情节结构中的某个重要环节的"重音"，使剧中事件激化，推动戏剧冲突和情势的发展。

（3）帮助创造特定的环境，描绘剧情发生的时代、地区、季节乃至现实具体的事件和地点，发挥对客观环境生动刻画的效能。

（4）有助于创造各种舞台气氛，加强演出节奏。

（5）突出、深化全剧的主题思想。

剧中的音响，有的在现场录制，称为同期声录音；有的在后期合成制作中用人工方法或器具进行模拟或再现，称为拟音。随着广播剧在新时期的发展，音响效果越来越显示出它的重要作用和功能。现在人们已不仅仅用音响来表现环境，烘托气氛，更是充分挖掘它在展现人物命运、塑造人物性格上的功能。甚至在国外已经出现了无对话、无音乐，而采用纯音响来展现故事情节的实验广播剧（如《复仇》）。音响成为广播剧的另一种语言形式。因此，导演应高度重视音响效果对广播剧演播所起到的作用。一般来说,导演不负责选择音响效果的素材,只负责鉴定素材,选材的任务交给音响效果工作者去完成,这样可以调动他们的艺术创造性。有人把音响效果工作者称为"不出场的演员",这是很有道理的,因为音响效果在广播剧中是一个很重要的表演因素,它是语言、音乐所不能替代的。

当导演拿到剧本,确定了全剧的整体风格之后,就应该向音响效果工作者提出自己的要求和设想,也就是确定该剧的音响效果是什么风格。如果剧本是写实的,为了营造真实的环境氛围,该剧就应该多设计一些真实、细致的音响,比如环境音响可以考虑远、中、近3个层次,尽量把周围的环境考虑进去,目的就是为了与全剧的整体风格统一。如果是写意的剧本,就应该相对地设计为有意境的、独特的、能够突出主题的、起到画龙点睛作用的音响效果,其他细节的小效果则可以大胆删去。总之,音响效果不是简单地照剧本提示来进行堆积。而要有创造性、有选择、有取舍、有增减。音响效果工作者在参照剧本提示时应考虑此时这个音响效果是否合理,能否方便制作;如果不能,应采取什么样的办法补救或替代,是否还有更好的音响效果可供选用等。

在广播剧的制作中,一般使用两种音响效果:一种属于资料性的音响效果,一种属于模拟性的音响效果。

1. 资料性的音响效果

资料性的音响效果是指已经录制好的音响资料,如风声、雨声、雷声等大自然界的声响,各种动物的鸣叫声,火车鸣笛声、汽车行驶声、战争中的枪炮声等。这种音响资料有的可以从市场上购买到,有的则需要音响工作者专门去采录。对这种资料的运用,主要是根据剧情的需要进行剪裁、加工。例如,狂风暴雨之夜,就要把风声、雨声、电闪、雷鸣4种音响资料有机地合成在一起,作为广播剧的背景音响。

在使用音响资料时应注意以下几个方面的问题。

(1) 精练性。描写生活事物的音响效果应当是真实的,但在使用必须是精练的。不能把任一生活细节都用音响效果表达,这样会犯自然主义的错误。例如,表现工厂的戏就一个劲地出现马达的声音,结果除了给听众以烦躁的感觉外,很难说会有什么艺术感染力,这样不仅不能使广播剧增强气氛,反而会使剧情遭到破坏。要清楚地记住,环境音响效果只是"背景",只能帮助演员的对话和表演,而不能把"背景"变为主要的,这样做会使听众感到厌烦,用简洁的手法选择有代表性的音响是音响工作者的责任。还是上面的例子,如果需要有一段长时间在马达轰鸣的车间,那么导演就应巧妙地通过对话,逐步转移到另一个相对比较安静的时空,使听众能够听清楚人物对话,而把音响真正放到背景的时空中,这种演员的调度是导演的责任。

(2) 情绪性。环境音响效果的使用,不单是帮助听众了解当时发生的情况,更重要的是让听众感受到事件发生时人的情绪。因此,音响效果必须在与剧情紧密联系的前提下,经过选择和提炼加工,不要泛泛地使用,应该是艺术地使用。例如,《二泉映月》中,阿炳被李老虎打瞎眼睛后,扔到太湖岸边,琴抹不堪忍受李老虎的污辱跳水自尽时,太湖水声拍岸的音响效果猛烈推出,渲染一种令人愤然的情绪。

(3) 意境性。环境音响还能起到开阔意境的作用,但运用时一定要有目的性,并要经过严格的选择,使之与语言相结合,达到声情并茂、渲染意境的作用。

(4) 象征性。声音有象征意义,如喜鹊叫象征吉祥、乌鸦叫表示凶兆、蝉鸣反映烦躁、狗叫暗示紧张急促等。但是这些象征性的音响效果如果运用多了,听众会失去新鲜感。所以,在运用象征性音响效果时,还要不落俗套,注意创造出新的音响语言。另一方面,也不能故弄玄虚,太"玄"的音响不仅不能引起人们丰富的想象,反而会使人感到莫名其妙,不知所云,破坏了艺术效果。

2. 模拟性的音响效果

(1)道具音响效果。导演录戏时,有的音响效果要后期制作时选配,有的音响效果就要在同期录音时,同语言和形体动作协调一致地进行录音。这样的音响效果就得准备必要的道具,随着演员的表演一起进行。

(2)逼真性。模拟性的音响效果一定要做到该是什么声音,就得像什么声音的程度。做到以假乱真,这方面音响效果工作者们都积累了丰富的经验。在他们的手里、脚下模拟出各种各样、千变万化的逼真的音响效果。例如,用两块绞在一起的木头模拟出开关门的声音、船的摇橹声音、坐花轿颤悠的声响等。所有这些模拟性的音响效果都是经过话筒而形成的,导演则要鉴定其模拟的逼真程度。现在,随着科技的飞速发展,利用电子合成器也可以模拟出许多音响。

音响效果在广播剧里还有一个特点:当我们欣赏一部优秀的广播剧时,随着剧情的发展,我们沉浸在故事之中,此时,却感觉不到音响效果的存在,它与剧中的故事交融成为一个整体。如果我们在听广播剧剧时,常常被一些不合理、不真实的音响打断思路、跳出剧情,因此可以说这个音响效果在全剧中就是一个败笔。

13.3 设计音乐

音乐是强化广播剧色彩的重要手段。它在广播剧中起着烘托人物思想、渲染场景气氛、分隔时空的重要作用。为广播剧的音乐把好关,是导演必须做好的工作之一。

广播剧的音乐设计有两种形式:作曲和配乐。

1. 作曲

作曲是广播剧音乐设计的最佳选择。每一部广播剧都具有不同的个性,因而剧中的音乐应该与剧的风格相一致。导演根据剧情提出要求和设想,作曲者据此进行音乐创作,这样创作出来的音乐能与剧情内容相贴合,很好地发挥音乐在剧中的作用。但作曲的费用相对比较高,尤其是如果采用乐队录制费用就更高,目前电子合成器作曲比较普遍。广播剧是低成本、制作周期短的剧种,不需要每一部广播剧都采用作曲。所以说,作曲虽然是最佳选择,但不是唯一的选择。

2. 配乐

配乐是广播剧音乐设计的另一种形式。它是用积累的音乐素材,从中选择、加工。配乐的表现力不一定在作曲之下,它通过把各种素材巧妙地截取,组合成一种新的旋律,新的表现手法,既完成了音乐在剧中的创作,又节省了费用、精力和时间,是目前广播剧音乐设计采用最多的一种形式。为此,导演在设计音乐时要与配乐工作者研讨如下几方面的问题。

(1)考虑剧作的题材和样式,确定采用什么样的音乐形象来表现。特别是对剧作的基调(悲剧或喜剧)和特定的情节(战斗的、反抗的、愤怒的、悲哀的、喜悦的等)。在广播剧中应善于借助音乐的暗示手段,来深化它的感染力量。

例如,一部喜剧,音乐就要在明朗、愉快、活泼等情感上下工夫;在题材上,古代题材、儿童题材、神话或科幻题材等不同的剧目,要用不同的音乐形象加以表现。

(2) 导演要同配乐工作者商谈剧作的主题音乐的设计,确定主题音乐曲音乐形象。主题音乐如果设计得好,有助于刻画剧中人物和展示人物的内心世界。设计什么样的音乐形象为好,这要根据剧作的主题来决定。主题音乐确定之后,使它在剧中处于主导地位,有计划地贯穿和发展,起到加深剧作主题的作用。

(3) 导演对剧本中的抒情性台词和在叙述性的段落中出现的那些富有情绪感染力量的台词,可以请配乐工作者进行配乐,用音乐烘托语言,加强情绪渲染。这些音乐的处理要起到“烘云托月”的作用,不可“喧宾夺主”,否则就要影响语言的清晰度,从而产生副作用。

(4) 描绘生活场景的气氛。对于用哪些音乐描绘出历史时代的气氛、民间风俗性的生活特征,导演要有明确的要求,与配乐工作者协商进行设计。

(5) 掌握音乐的节奏、速度。每部广播剧的艺术结构都有一定的节奏和速度,每场戏也有一定的节奏和速度,而剧目的题材、样式,风格的不同,时代特征、人物性格、故事情节的不同等。在音乐的节奏和速度上也有所区别,一般来说,音乐节奏、速度如果与戏的节奏、速度相一致,这叫做统一节奏;还有的是音乐节奏、速度与戏的节奏、速度相反,形成对比节奏,这叫做复合节奏。复合节奏具有“紧拉慢唱”的效果。

(6) 重视短小旋律的应用。在广播剧中,常常会遇到一些人物心理变化的描写,或者是特定环境的描写。由于剧情的种种关系,大段音乐不好加进去。导演在这里运用一些短小的旋律,如几个乐句或一个长音等,立即就会对剧情产生渲染的作用,有时会产生一种玄妙、恐怖的感觉。合理、巧妙地运用这些短小的旋律,发挥其特有的作用,导演在与配乐工作者设计音乐时应引起足够的重视。

(7) 研究音乐的对位作用。“对位”这个术语是从音乐艺术中借用的,一般来说,是指把不同节奏、不同曲调,甚至不同形象的音乐用“对位”的艺术手法结合在一起。“对位”用在电影艺术中,常指画面和音乐的对位。在电影艺术和舞台剧艺术中,对位是一种常用的具有特色的艺术表现手法,具有强烈的艺术效果。

在电影艺术中,常用的对位法有两种:一种是画面和音乐之间的情绪上的对位法;一种是节奏、速度上的对位法。

(1) 情绪上的对位法。它是用情绪上和画面相反的音乐,来反衬视觉形象的内心思想情感活动,加强和加深艺术感染力。这样的对位法,常常是用在悲剧的电影艺术作品中或正剧、喜剧的某个悲剧片段中,以喜的音乐反衬悲的画面。例如,在影片《祝福》中,当善良的祥林嫂被绑架到贺老六家逼迫成亲“拜天地”时,欢快的结婚仪式的吹打音乐和画面上祥林嫂的头破血流、痛不欲生的视觉形象,作了十分尖锐的对比,产生了强烈的艺术力量。在戏曲片《红楼梦》中,当林黛玉病危,并将“魂归离恨天”的时候,从怡红院那边传来了宝玉和宝钗结婚的音乐,这样对位的艺术手法,更加强了悲剧的艺术感染力。

(2) 节奏、速度上的对位法。它是用在节奏、速度上和画面相反的音乐,形成视觉形象和听觉形象之间复合的节奏、速度,丰富和提高艺术表现力。这样的对位法,常常是用在正剧、喜剧的电影艺术作品中或是情绪高涨的情节发展片段中。例如,电影《红色娘子军》中的节奏、速度较快的战士生活场面和曲调悠长的《五指山歌》的对位处理,使视觉形象和听觉形象之间的节奏、速度形成错综复杂的艺术效果,加强了电影艺术的感染力。

以上两种对位法也同样通用于广播剧艺术。导演可以根据剧情的需要及构思同配乐工作者商讨,进行巧妙而灵活的运用。配乐作为广播剧常用的一种艺术手段也有它的不足之处,主要是受积累的素材所局限。配乐素材要进行不断的更新,而素材一般是从电影厂、电视台或音像产品市场上找来的一些配乐资料。这些资料被频繁使用,听众的新鲜感就会少一些。无论是作曲还是配乐,导演作为全剧的组织者,他的把关作用是十分重要的,对全剧的音乐设计事先要有要求,其间要审听小样。一段配乐要有几种方案,多选几首曲子,绝对不能把遗憾带到后期合成中。

13.4　录制及后期工作

广播剧的录制工作既需要制作环境(如录音室),也需要硬件设备(如调音台、话筒、声音存储设备)及软件设备(如计算机操作系统、数字音频工作站、音频非线性编辑软件)。相对于技术基础而言,语言、音乐、音响仍是广播剧的制作素材,所有的策划思想及内容都需要技术与艺术的合作才能完成。下面重点介绍制作广播剧时音效所需设备的功能和技术指标。

13.4.1　录音室

录音室是专业制作广播节目的场所。它的建立需要符合一定的技术指标,录音的效果只接受这些技术数值的制约。这些技术指标是指回响、隔音和吸音。

(1) 回响。回响是指音波受到阻碍经过反射所产生的余波。余波过大或者过小对声音的清晰度都会造成伤害,因此,必须找到最佳的回响时间。直播间的回响时间要视直播间材质(如墙壁、地板,天花板)及直播间的空间大小而定。

(2) 隔音。直播间是不能受外界声音干扰的,因此,其地板下、天花板上、墙壁内外、入口的门都要利用钢丝弹簧、水泥、炭渣块等隔音建材,其间还要有空气层,以防止杂音渗入。

(3) 吸音。为了调节音量以及回响时间,直播间通常使用庶泥板或吸音棉加不织布来减少声音的声响,避免声音在空间交错。当然,如果吸音过度,就会使声音中的高音较容易被吸收。这种状况可以借由频率等化器加以补救。

13.4.2　制作设备

1. 调音台

在制作设备中,调音台是较为核心的设备,因为声音的录制、调试都与它息息相关。

调音台又称为混音器。其主要功能有以下 4 个方面。

(1) 调音。因为一部调音台通常有若干个声音信号输入(如 CD、MD、TAPE),为了将每一个声音信号整合到统一的标准,必须在输入或输出时将声音信号扩大或者缩小。在调音台上,有基于对声音信号源调整的"推子",可将音量进行扩大、缩小或者切断;也有基于整个节目播出的"调音推子",可控制节目录入和输入的音量。

(2) 配轨。声音信号通过调音台的配轨控制装置,可以使节目主持人或制作人同时进行多种工作,诸如试听、监听、播出等,而此时不必中断节目的制作或者播出。

(3) 混音。即将来自话筒、CD 或者效果机等的各种声音信号混合为既定系统的广播节目。

（4）效果制作。某些调音台具有制作回响或滤音等效果的装置,可以制作出相应效果。

目前,广播电视技术逐渐趋向数字化靠拢,调音台数字化也成为一种趋势。数字调音台分为两种:数控调音台与全数字调音台。

① 数控调音台即音频信号处理采用模拟方式,控制部分采用数字方式。数控调音台与普通调音台的区别在于、数控调音台没有音频信号通过,数控部分的功能实际上是将数控台上的各种控制键、按钮和推子的状态由"计算机"译为"数字信息",对音频处理柜进行遥控;音频处理柜包括所有的音频处理电路,它从数控台接收数控信号,使音频处理结果按数控台控制的结果进行相应的改变;由于音频信号不经过数控台,因而通路变短,可大大提高声音质量。

② 全数字调音台即音频信号处理和控制部分都采用数字方式。全数字调音台是由运算速度较高的专用数字信号处理硬件构成的,而信号处理的实现则完全由软件进行,调音台控制面板与装有高速运算电路的计算机相连接。全数字调音台的技术指标很高,功能强大,操作便利。

2. 话筒

话筒是电台制作广播剧时不可或缺的声音接收器。不同的空间环境、不同的语境应采用不同种类的话筒。常用的话筒种类可以按以下方式分类。

（1）依据转换方式分类。

① 动圈话筒。动圈话筒采用的原理是让金属线圈在磁场中运动,产生电流。动圈话筒的振膜上有一个金属线圈,声波使振膜振动,振动产生电流会比较灵敏地依据声音的大小而改变。动圈话筒的优点是频率特性好,且一般比较坚固,但是使用时要避免外来噪声。

② 电容话筒。电容话筒的振膜是超薄的金属,它经过高压电场驻极后与另一个金属板间形成两边带有异性电荷的驻极体电容。声波使振膜振动后,电容量也会随之变化,两端的电荷量发生变化,产生音频交流电输出。电容话筒一般比较轻便,收取的音质也较好,但是对环境较为严格,高温潮湿的场地不宜使用。

（2）依据方向特性分类。

① 全指向型。全指向型话筒对来自所有方向上的声压变化都具有相同的灵敏度。其结构是压强式的,对于各个方向的声音都可以均衡地获取。不过对来自后方的声音,灵敏度会下降 5dB 左右。

② 双指向型。双指向型话筒的架构是压差式的,声波从振膜的前后两个方向驱动振膜,振膜受到前后声压差的作用而振动。由于其获取声音的特性,这种话筒最适合录制对话的声音。

③ 单指向型。单指向型话筒对正前方的声音敏感度最高。它能获取话筒所指定方向的声音,并有效屏蔽其他方向的杂音。因此在环境较为嘈杂的环境中,单指向型话筒尤为适合。

13.4.3　录制语音

语言录音的基础建立在演员们能够比较准确地把握角色。在录音前,导演还要和录音师探讨录音的具体细节,以及某些场景的特殊要求。例如,是否要加混响、延时等。具体来说,确定每一场戏的主、客话筒;群众场面如何录音;室内戏与室外戏要有所区别;如果是立体声录音,要交给录音师一个详尽的每场戏人物上下场的方位图;检查模拟动效话筒音量比例等。这些工作都要在录音前加以落实。录音是综合演员的演技和录音技术的工作,既要有艺术性,又要有科学性,用科学的技术手段,把演员们的最佳艺术状态录制下来。

1. 单声道录音

单声道录音是人们采用最多的一种方式。它的优点是能够比较简洁地把剧本的内容录制出来,广播剧的节奏也比较好把握和控制。它不像立体声录音过多地受到技术上的要求和限制。

单声道录音的程序和具体要求是:在录音室摆放两个语言话筒,一个动效话筒。两个语言话筒是为了剧中人物的主、客位置,在音量上便于调整。如果条件有限只能摆放一个语言话筒,演员就应该根据剧情需要调整与话筒之间的位置距离。

录音前需要先让演员试音,再根据演员扮演的角色和演员的音质来选择不同种类的话筒,以及调整演员的位置。在录制过程中,还需注意以下 3 个方面。

(1)营造广播剧的空间感。广播剧的内容是发生在某一个空间内的,无论是大还是小,都必须准确表现出来。即使是两个人在对话,也要通过其谈话感觉到他们所处的空间。录制的语言要有层次、有场面,演员在话筒前的位置很重要,稍有变化,人物的距离和时空都会有不同的含义。

(2)把握广播剧的节奏感。一部节奏平淡的广播剧是无法吸引听众的。节奏掌握得好坏不仅是艺术水平高低的问题,而且关系到全剧主题思想的表达和人物形象的塑造。由于广播剧只能靠听觉获取剧情,其节奏感是比较难把握的,有时过慢会令观众丧失耐心,有时过快会使观众分辨不出角色或情节。节奏感的控制需要从剧本编写的到位、人物语言的精炼、情节转换的巧妙等多方面下工夫。

(3)保持广播剧的连贯性。广播剧的场景转换是与其他艺术形式相区别的特色之一。为了保持整部剧的连贯性,录音时一定要把转场的环节录清楚、录好。每场戏该如何衔接,是淡出淡入还是直接切换,音量的比例、大小强弱都要掌握得分寸得当。稍有疏忽就会造成无法弥补的大错,在复制合成时有时就因为少录了一串脚步声而转换不到下一个场景中。录好了每场戏之间的场景转换,也就保证了后期复制合成工作的顺利进行。

2. 立体声录音

在这里所讲的立体声录音,是指用立体声的技术手段来表现广播剧的内容。因此还是要强调一下并不是任何剧本都适合录立体声,立体声广播剧所表现的不仅仅是剧中声音的移动,而是把立体声这种现代化的技术渗入到剧中的每一个情节中,通过声源的立体化,多方位地传达信息,更真实、具体地再现人们丰富多彩的生活。从这一点上来讲,在剧本的创作构思中,就应该把立体声的要素、特点考虑进去。现在有一些误区,好像任何一部广播剧都可以在后期处理成立体声,这样的广播剧除了声音的流动之外,没有什么实际意义。有时为了这种声音的移动,还影响了全剧的节奏,是得不偿失的。下面对如何进行立体声录音提3 点要求。

(1)设计好场景草图。立体声广播剧录音和单声道录音程序上是一致的,所不同的是设备上、技术上的要求不同。在录制之前,导演要对剧中每场戏的场景有一个设计图,这有点像话剧的场次平面图。导演根据这个图来要求演员和录音师进行录音。

例如,录一场家中的戏,家门在左边,居中是一个餐桌,也就是戏的表演区,右上是卧室,右中可以有一台电视机,右下是厨房,左下是书房。我们要求主人公从门进屋后,走进卧室换衣,然后在右边打开电视机,他可以走进厨房或是坐在餐桌旁看电视等。有了这样一个场景草图,演员就明白了该如何表演这段戏,录音师也明白了声音如何移动,以及如何摆放话筒。

导演在规划设计图时,一定要注意人物上下场的衔接。例如,前面所举的例子,这场戏的结束是主人公从右边下场,那么下一场戏,已经变换的场景,最好设计主人公从左边上场。如果他从右边上场,听众就会误以为他又回来了。总之,设计图与人物的上下场很关键,是导演决不能疏忽的问题。

(2)录音的两种方式。

① 主话筒、点话筒录制。这种方式是根据剧情的需要,放一个主话筒在中央,两侧放若干点话筒。演员在话筒前根据剧情自由走动,声音的流动靠演员自身来实现,导演和录音师只需要把握录戏的艺术质量和技术指标就可以了。

② 单一主话筒录制。只用一个主话筒比较简单易行,演员站在主话筒两侧进行录音,动技师用另一个普通话筒录脚步声响,所有的声音移动全部在调音台完成。例如,设计主人公进门,动效师做出原地走脚步声,我们在调音台上把声音从门口逐步移动至室内中央,然后移动到电视机旁,打开电视等,演员只需在话筒两侧录对话,导演此时要求演员把戏外的过程要表演足。例如,演员要去卧室,他要把为什么去卧室的感觉、气息表现出来,脚步和声响的移动则由录音师在调音台上做出来。

录制立体声广播剧是一项技术要求较高的工作,导演需要与录音师密切合作。在实际工作中,广播剧的录音师在录音的专业角度上,也会有他们具体的工作方式和方法,以及技术上的要求,甚至有些专业技术导演也并不熟悉。导演只需要把每场戏的场面要求交代给录音师,希望他通过技术手段,把戏的内涵充分地表现出来。因而导演与录音师的沟通是非常重要的。导演应尊重录音师的一切合理建议,只有建立了一种相互信任的合作关系,并达到某种默契,才能把前期录音工作顺利完成。另外,要认真录好每场戏之间的衔接过渡。因为录音已完成就会成为遗憾的艺术(常常由于各种因素不能补录),所以我们力求在录音阶段少一些缺憾进入复制合成阶段。

(3)外景实地录音。外景实地录音是每一位广播剧导演都十分向往的一种录音方式,但因受到各种因素制约没有得到普及。外景实地录音最大的优点是录出的音质干净、透明、有层次。外景录音的操作方式和录音室基本一样,在选择的外景地支起相应的话筒,经过试音,演员找准表演区与话筒的距离,便可录音。如果是立体声录音,则采用主话筒。演员们按照导演设计的上下场方位要求,进入录音区,就像是演舞台剧或拍摄影视作品,演员们可以在表演区里自由地发挥、做戏。活动的场地范围很大,有许多音响(如脚步声、随身道具声),演员都可以一边表演一边自己做了,在这种氛围之中录出的戏肯定要比录音室里效果好得多。但是外景实地录音对设备性能要求很高,录音的费用也很大,对场地的要求也更苛刻。外景地要绝对地安静,任何风吹草动、虫鸣鸟叫、环境的杂音都会影响录音的质量。

随着现代化录音技术的发展,高质量的录音设备不断普及,广播剧也许会像影视作品的同期录音一样,按照剧本中提示的环境,选择相应的地点进行实地录音。在这种环境里录出的声音应该更真实、更生活,到那时,外景实地录音就会被更多的广播剧导演所采用。

13.4.4　后期合成编辑

后期合成编辑是广播剧制作的最后一道程序。在合成编辑前导演还应该做哪些工作呢？首先，他要录好本作品的报题及演职员表，再仔细地审听一遍已录好的语言录音，检查有无遗漏或差错（如有，则在合成时进行弥补和修改），要做到心里有数；核查音乐和音响效果；核实节目时间，以便掌握作品的节奏。这时我们会觉得，以前的一切准备工作就像是一幅画的草稿、素描，而合成工作就像是着色，音乐、音响以及一切技术手段就像是颜色，什么地方该浓涂，什么地方该淡抹，全靠导演来指挥。色彩的运用应和画的风格、内涵相匹配，画面要有层次，要干净，不留任何多余的痕迹，要让观众赏心悦目，对于广播剧的听众来说则是赏心悦耳。下面提出 3 点具体要求。

1. 设备要求

合成广播剧主要靠录音复制技术来完成。在设备上应有如下的准备：一台主录机（供各种声音素材合成），一台语言分机，一台音乐分机；一台报题、演职员表的分机；2～3 台音响效果分机。

如果设备有限，则需要预先复制一部分。例如，音响如果比较复杂，就先把各种音响复制在一条带上，这样就可以省去一些机器设备。但最好语言、音乐不要二次混复制，因为复制合成一次在音质上会有消耗，最好保证用第一次的原始录音复制合成。

如果采用计算机工作站，则需要把各种声音素材输入计算机，通过多轨调音台复制。

2. 技术要求

在通过电波传递广播剧的过程中，语言的音量、音质比音乐损失大。因而在合成中，一定要把握好音乐、音响效果的音量，尤其是背景音乐。在编辑时听起来音量合适的情况下，在广播中听到的结果或许有偏差。一般来说，语言和音乐的音量比例为 3∶1。注意不能用做音乐节目的感觉来给广播剧配背景音乐，这与电影类似，需要听众在欣赏剧中情节的同时，不知不觉感受到了音乐。音响效果亦是如此。

3. 艺术要求

后期合成编辑阶段是编辑者充分展现才华的时机，不仅对全剧的整体艺术构思得以实现，而且其中的不足也可以得到修正的机会。后期编辑中，要有极大的耐心和极强的探索精神来完成这一步工作。以下 3 方面是在后期编辑中需要重点下工夫的。

（1）开场的吸引力。广播剧能否抓住听众的心，基本上取决于开场的效果。在这方面，导演的功力是最重要的。例如，用警笛鸣响、混乱脚步声来引出一部侦破题材的广播剧，或是用一段充满感情的独白来倒叙引出一段感人的故事等。无论什么题材的广播剧，序幕一定要足够吸引人，有声有色，才能使听众有兴趣继续收听下去。

（2）把握音乐音响效果的使用。后期合成编辑的一大难点就在于如何把前期没有同步录制的音乐和音响效果合成到录制好的语音中，这时选乐很重要，但如何进入剧情又如何退出剧情显得更为重要。此时导演的艺术直觉和艺术修养是极为重要的。音乐对于强化主题的作用是极大的，掌握好度尤为关键。音响效果也是如此，应用得要合理巧妙，并不是自然声响的罗列，长短强弱都关系到剧情的展现。

（3）场景间的转换清晰。广播剧相较影视作品，其场景转换过渡是更重要的。因为没有视觉引导，场景转换不到位，会使听众陷入困惑，从而失去听众。在后期合成编辑中，编辑者应把自己转化为听众的角色,用听众的角度来验证场景中的转换效果,是否合理清晰易懂。每场戏之间的过渡衔接应自然顺畅,甚至不留痕迹,领着听众穿梭于各场景中。

后期合成编辑的工作是导演和编辑者共同的工作,作为导演要尊重技术工作者的创作能力,不能武断地否决编辑者的意见。由于编辑者是直接接触语言和各种音效的实体,他们往往能提出对剧情创作更有作用的建议,应该予以采纳。而作为编辑者,也必须在导演的艺术构思和全局效果的前提下进行编辑工作,一切为广播剧的主题服务。只有在和谐的氛围中,才能使后期编辑工作达到最成功的效果。

习题

1. 选择配音演员的标准是什么?
2. 简述广播剧的录制和后期需要哪些工作。

第 *14* 章

影视作品的声音赏析

本章导读：

影视作品的种类非常丰富，本章分别在影视剧、纪录片和影视广告三类作品中选择一部优秀作品进行赏析，这些经典作品中音频的处理和应用都别具匠心，为作品的成功呈现起到非常重要的作用。

14.1　影视剧作品的声音赏析

在音频效果处理上具有划时代意义的影视剧作品，首推 1993 年上映的《侏罗纪公园》，是著名导演史蒂文·斯皮尔伯格的经典之作，该部影片获得 1994 年奥斯卡最佳音效剪辑和最佳音效大项声音类大奖，首次正式使用了 DTS（数字剧院音效系统），解决了胶片存储音效空间影响音质的限制，将音效数据存储到另外的 CD-ROM 中，与影像数据同步，完美展现出 5.1 立体环绕系统的效果。

影片讲述的是两位研究上古动植物的科学家被侏罗纪公园的主人邀请评判公园的安全性，同时参观的还有侏罗纪公园园主的两个孙子女、一位数学家和一位自私的律师，由于各种自然和人为的因素，园内出现重大管理故障，几个人被困于各种食肉恐龙的包围中，要时时刻刻防备被这些庞然大物杀戮，从此开始一段惊心动魄的逃亡之旅。

在影片一开头运送恐龙的片段（图 14-1），就可以听到远近层次丰富、细节精准的声音，音效的音场宽广、层次分明，无论是前方的树叶声，还是后方笼子里恐龙的吼声，不管是四周的人声还是侧面的枪声，都表现得分明而真实。

初临侏罗纪公园所在的小岛（图 14-2），此时响起宏大的交响乐，远处的铜管加上弦乐组，配合前上方的直升机旋翼声和远处瀑布的水声，带来广阔的空间感，展现出气势恢宏、空间广阔的效果。

进入侏罗纪公园，古生物学家看到了第一类食草类恐龙——腕龙（图 14-3），周围鸟儿的鸣叫烘托出原野的宁静，腕龙出现后，盘旋在上方的吼叫声、咀嚼树叶的声音，低沉脚步的慢慢靠近，前脚抬起并踏下的低频震动，都会让人产生一种敬畏感。

图 14-1　影片开头

图 14-2　来到侏罗纪公园

图 14-3　腕龙出现

　　当观光车驶入暴龙区时突然出现严重故障,暴龙出现前的一段脚步震动声效最为震撼,在画面中呈现的是水杯中的水被震出涟漪(图 14-4),而此时伴随的超低音所带来的重量感可以令人紧张到窒息。

图 14-4　暴龙出现前

为营造暴龙出现后的紧张气氛(图 14-5),此时并未配任何音乐,暴龙的吼叫声、汽车被暴龙撕裂的强大机械声、暴雨声,加上孩子们惊恐的叫声,使画面带给观众的紧张感觉更加惊心动魄。

图 14-5　与暴龙周旋

影片中充斥着丰富的恐龙的喘息声、叫声、撕咬声和打斗声,而这些声音其实来源于海豚、鲸鱼、乌龟、天鹅、考拉、闷吠的狗、大象、愤怒的鹅,甚至一匹马的咀嚼,例如此时暴龙的呼吸实际上是鲸鱼气孔的声音,暴龙喷鼻子的声音来自愤怒的马吠声。

迅猛龙进入厨房追逐两个孩子时,紧张的音效时刻伴随着迅猛龙的脚步声,尖利的爪子敲打地面(图 14-6),一步步地逼近,加上孩子们惊恐的喘息声,令观众替孩子们着实捏了一把汗。

一行人坐着直升机离开侏罗纪公园,大家都陷入深思(图 14-7),只留有直升机旋翼的声音,伴随着影片片尾主题曲渐渐增强,宣告剧情的落幕,也留给观众深深地回味和反思。

图 14-6 迅猛龙进入厨房

图 14-7 影片结局

14.2 纪录片作品的声音赏析

纪录片作品中的声音制作主要以体现客观性、真实性为原则,人声和效果声首先使用同期声,然而有时受到录音设备的限制和画面艺术的要求,音效往往会使用仿造声和拟声,但并不是简单的自然声的复制,而是通过录音师的头脑,结合镜头叙述和情感,来制作出艺术的真实声。

法国著名导演雅克·贝汉和数百名制作人员经过 4 年呕心沥血制作的《迁徙的鸟》,不仅仅是一部关于候鸟迁徙的经典纪录片,更像是一部画面、音效等制作方面都十分精准的国际大片。无论是超清晰、构图精美的画面(图 14-8),还是富有韵律的声效;无论是画龙点睛的解说,还是圣洁优美的音乐,都使影片远远超越了一般纪录片的制作水准。

该纪录片采用了高科技空中拍摄系统摄制,跟随着飞翔的群鸟,听着翅膀切割空气的声音,围绕着大自然的各种鸣叫,加上富有圣洁之感的乐曲,带着观众由春至冬一起飞越了海洋、湖泊、森林、沙漠、冰川、平原、河流、岛屿等各种地形,以及繁华的都市,将各种自然和人文景观尽收眼底。

图 14-8　影片构图精美的画面

　　影片中有段描写小水鸟学习浮水的情景(图 14-9),它们的身体顺着水流有韵律地晃动,两个脚掌快速拍打着水面,啪啪的拍水声和快速的打击乐容为一体,像是在跟着旋律舞蹈,使这些小水鸟显得更加憨态可掬。

图 14-9　影片中小水鸟学习浮水的画面

14.3　影视广告作品的声音赏析

　　影视广告作品对声音的要求更加苛刻,在短短的几分钟甚至几十秒内,首先要大量利用听觉元素来充分刺激人们想要购买的欲望,另外要考虑到影视广告作品播放的媒体,只有足够冲击力的声音效果才能在各种嘈杂的环境中抓住人们的耳朵。

　　获得戛纳广告节银狮奖、莫比广告奖金奖等诸多奖项的 MINI COUNTRYMAN 的影视广告《FLOW》(图 14-10),在展示了创造惊人视觉奇观的同时,声音都进行了立体化模拟的处理,每一个由近及远或者呼啸而过的音效都有着空间信息的转化,显得真实而动力十足,醇厚饱满的音色立刻让人产生了驾驶的欲望,充分展示了超高的车速和良好的动力系统。

图 14-10 影片截图

习题

1. 上网搜索了解国内外影视剧音频制作的先进手法。
2. 选取一则优秀的影视广告,分析作品中音频的使用。

第 15 章

动漫作品的声音赏析

本章导读：

本章主要介绍动漫作品中声音元素的相关知识，并针对一些优秀的动漫作品中的音频部分进行鉴赏与分析。

15.1 动漫声音的发展

如今提到的动漫基本上是指计算机动漫，这种动漫形式是在 20 世纪末发展起来的。近来，随着计算机应用的普及，计算机动漫已经成为当今娱乐的主流。

动漫中的声音在早期还没有得到充分的重视。在最早的动漫中，声音只能用非常初级的喇叭发声，只能起到简单的提示作用，根本达不到渲染气氛的目的。另外，当时的音乐开发者还没有同时具备音乐专业知识和声音合成技术，这也是早期的动漫中声音不成熟的原因。但是，随着硬件设备制造水平的跨越式发展，动漫制作人才队伍迅速壮大，动漫经过了快速的发展阶段直到现在，已经达到了一个较为成熟的水平，其中声音的作用也显得越来越重要，逐渐成为动漫元素中的重要组成部分。

动画音乐制作的发展比动漫音效的发展迟一些。因为动漫作品一般都比较小型，是由简单的制作队伍来完成的，所以只要有简单的配乐就可以了。后来，有很多大型的电影公司开始生产和制作动画片，在制作的质量上要求非常高，因此为了更好的影片商业价值，动画音乐也开始成为影片重要的一部分。很多动画影视作品留下了极为经典的音乐和歌曲，如迪斯尼动画系列。

15.2 声音元素在动画片中的综合分析

15.2.1 主题音乐在动漫影片中的艺术感染力——以《飞屋环游记》为例

2009 年夏，一部梦工厂的动画电影《飞屋环游记》成为了动画片领域的耀眼明星。影片从一个老人和一个儿童的视角，向人们诉说了一段动人纯美的爱情故事、一种勇敢执著的追梦精神和一种简单美好的生活方式。许多观众在观影中留下了感动的泪水。

这样一部简单却打动心灵的动画电影，音乐在其中起到了至关重要的作用。作曲家用变化多样的主题音乐、温馨优雅的华尔兹音乐、幽默活泼的爵士乐，为观众勾勒出了一幅幅回归童真、又充满真情的动人画面。这部动画电影更是在2010年的第82届奥斯卡颁奖典礼上一举夺得了奥斯卡最佳电影原创配乐奖，可见这部电影在音乐上的杰出表现。

在这部电影中，作曲家为影片创作了一首贯穿始终的主题音乐，配以情节的发展，这段主题音乐由最初对爱情主题的描写逐渐引申为影片最终所要表达的梦想主题。这是一段三拍子的主题音乐。根据影片故事情节的发展，主题音乐在不同乐器、不同音乐风格的演绎下，时而活泼、时而温馨、时而雄壮、时而悲伤。作曲家以不同的音乐创作元素，使音乐在贯穿主题的同时为影片增添了不同的艺术效果。

主题音乐的第一次出现是在卡尔和艾丽年幼时的第一次相识(图15-1)。由于对探险的共同热爱，卡尔和爱丽相识了。木讷的卡尔在活泼的艾丽顽皮的戏耍下受伤，并从此结成了朋友。主题音乐在钢琴的主奏下，伴随小号的长音铺垫娓娓道来。在此，钢琴用跳音的演奏方式使音乐显得轻松、活泼，伴随着加有弱音器的小号吹奏出所独有的颤音音色，充满幽默的爵士味道。此时的音乐贴切地营造了两人相识时轻松、幽默的嬉戏场景，音乐起到了对电影画面的描绘作用，也引申出随后的爱情主题。

图15-1　音乐营造了两人相识时轻松的嬉戏场景

随后影片最打动人心的一个片段出现了。这段动画以默片的形式，通过画面的不断切换为观众呈现出一对恋人幸福、感人、浪漫的一生，如图15-2所示。在这短短不到5分钟的时间里，主题音乐在此进行了最完整的呈现。作曲家在主题音乐三拍子的基础上，运用不同的乐器，交替着演绎出带有大量滑音和附点节奏的快速三拍子音乐。音乐风格顿时产生了华尔兹音乐轻快、儒雅的特点，伴随画面的情绪转换时而欢快、时而忧伤。此时，浪漫的华尔兹音乐为影片渲染出一段温馨、甜蜜的婚姻生活。在此，抽象的音乐更胜过于具象的语言，带给观众最感人、最深刻的瞬间。

主题音乐的再一次呈现是在艾丽死后，卡尔将被迫送进养老院时。在寂静的夜晚，孤独的卡尔准备收拾去养老院的行李，无意中看到了艾丽生前的冒险书(图15-3)，这时主题音乐再次在钢琴的演绎下缓缓进入。而此时的主题音乐由之前的F大调转为G大调上陈述，

图 15-2　主题音乐串联了主角的一生生活片段

图 15-3　音乐解读了主角的内心

节奏中也去掉了附点音符。调性的升高配上钢琴高音区清亮、纯净的音色,以缓慢的三拍子,弹奏出一段宁静而忧伤的主题旋律。此时,画面透过音乐解读了卡尔的内心,抒发了卡尔的无奈和对妻子的思念之情。最后,卡尔看艾丽的照片,看他们曾经的梦想,再看手中养老院的宣传册,似乎在心中做出了一个决定。伴随卡尔在胸前画出的对神起誓的十字动作,音乐也随之结束。

　　但这样的结束却不是彻底的,最后的乐句并没有完整的陈述,就突然结束在 G 大调的属音上。这样的结束从音乐上带给观众一种启示,也许等新的一天到来时,并不是卡尔被送去养老院,而是另一个意想不到的结果。果不其然,当主题音乐第四次出现时就是伴随着这个意想不到的结果呈现给观众的。在卡尔看完艾丽的冒险书后,毅然决定要实现儿时对艾丽的承诺,决定带上房子飞去天堂瀑布。在天堂瀑布安家。清晨,当挂满彩色气球的房子成功起飞时(图 15-4),主题音乐以交响乐的气势,以乐队大提琴为主奏,演绎出一段气势恢弘的音乐。大提琴那淳厚、宽广的音色,带给观众梦幻般的感觉。在此,似乎寓意了沉积已久的梦想的起飞,使观众感受到卡尔的勇敢。同时,也把观众的心打开,伴随五彩气球的升空,仿佛我们的儿时梦想也在此刻重新唤起。

图 15-4　音乐唤起了人们的梦想

主题音乐的第五次出现是卡尔在罗素的提议下答应送大鸟凯文回家。在他们即将把大鸟送到家时(图 15-5),主题音乐再次响起,但此时的音乐却异常的欢快,每一个音都是跳跃性地奏出,来体现凯文即将回家见到孩子时的喜悦之情。而这样的欢快场景再一次用主题音乐变化呈现,与随后即将来临的危险形成对比。送凯文回家在此时象征了他们的一个梦想,用主题音乐来象征梦想的即将实现,但转瞬间他们的梦想却破灭了,最后凯文还是被曼茨抓走了。

图 15-5　主题音乐的变化呈现了两种情绪

在接下了的情节中,卡尔为了挽救象征爱情和梦想的房子而放弃了继续营救凯文,最终遭到了罗素的埋怨。卡尔气急败坏,决定独自带着房子走向天堂瀑布。当房子终于坐落在天堂瀑布时,此时的他却并没有感到快乐。主题音乐伴随这样的情景第六次出现,并在此进行了两种形式的对比。

他一个人回到小屋,再次翻看起艾丽的冒险书(图 15-6)。主题音乐仍然在钢琴声中轻柔地进入,抒发着卡尔的内心情感和对过往的回忆。此时他才突然发现,艾丽把他们婚姻生活中的点点滴滴都记录在了这本冒险书中,并最后给卡尔留下一句话:"谢谢你陪我走过的幸福生活,接下来开始你自己的生活吧!"此时的卡尔顿悟,对于艾丽来说,与卡尔携手走过一生,已成为艾利一生最重要的梦想之旅。卡尔已经实现了她的愿望,不能再被这个愿望束缚一生,他应该继续为自己好好地生活。音乐伴随着卡尔的醒悟,在钢琴轻柔的弹奏中,逐

图 15-6　音乐暗示了主角的内心变化

渐加入弦乐舒缓的伴奏。此时,音乐变得越来越明亮,少了些伤感,多了些温暖和感动,同时暗示了卡尔内心的变化过程。

　　当卡尔真正醒悟之后,打算开始自己的新生活,毅然决定去救罗素和凯文。为了让房子再次起飞,他把房子里的家具都扔掉了。当象征着他和艾利爱情的椅子留在天堂瀑布,而房子顺利起飞之时(图15-7),主题音乐再次想起,音乐风格与醒悟之前的主题音乐形成鲜明的对比。音乐以交响乐队全奏的方式,演绎出一段雄壮有力的进行曲风格的音乐。此时,交响乐队气势磅礴的音乐,特别是铜管乐辉煌而高亢的音色吹奏出坚定有力的节奏音型,带给人们一种勇往直前的勇气。不仅象征了卡尔放下束缚,梦想再次起飞的美好,并为即将而来的战斗吹响了号角。

图 15-7　音乐带来了勇气

　　随后在卡尔和曼茨的打斗场面中(图15-8),主题音乐在此进行了正反两面的变奏。当看似胜利的场景出现时,主题音乐以进行曲的风格再次响起,充满斗志而积极向上。但很快曼茨再次出现,使卡尔等人又陷入了危险之中,此时音乐在原主题音乐主题动机的基础上进行变奏,运用不协调和弦,产生邪恶、紧张色彩的主题变奏片段,使听众在听觉上感受到正义与邪恶的较量,并引起观众对梦想是否可以实现的担心,但最终还是正义取得了胜利。

图 15-8　音乐的变奏交替展现正邪的对抗

最后，当卡尔和罗素胜利地完成这次冒险之旅，驾驶着曼茨留下的"冒险之魂"凯旋回家时，主题音乐以乐队全奏的形式再次响起，此时的音乐宏大而抒情，抒发了胜利后的喜悦和梦想实现后的凯旋。随后画面切换到卡尔为罗素颁奖，罗素拿到了他梦寐以求的奖项（图15-9），但是并没有等来父亲为他颁奖，而是卡尔这个老朋友为他颁奖。主题音乐再次以轻柔的钢琴来演绎，有些许温馨，也有些许无奈。最后一个孤僻的老人在孩子的影响中变得开朗，缺少父爱的孩子也在老人的陪伴中得到了另一种爱。

图 15-9　音乐让爱得到了升华

15.2.2　声音元素对动漫影片个性的塑造——以今敏系列动画为例

1. 影片语言的个性化

语言主要包括对白、旁白、独白，以及角色发出的各种传达信息的声音，并与音调、音色、力度、节奏等因素结合而具有情绪、性格、气质等形象方面的丰富表现力，同时也是塑造人物形象，刻画人物心态，表现人物情绪的重要手段，并能够直接表达导演的观点和作品的主题。今敏动画的语言洗练、富有内涵，而且具有强烈的个性化。在《未麻的部屋》中，重复的语言混淆了观者思维（图15-10），渲染了悬疑恐怖的气氛，同时是导演故布疑阵的有力工具，例如女主人公未麻三次从床上惊醒，电视里都传来同样的报道，让人分不清是现实还是梦境。

图 15-10　重复的语言混淆观者思维

在《千年女优》中，女主角千代子在回忆自己作为演员生涯的往事时，在日本百年电影历史中不断穿越，影片的主线"寻找那个回忆中的人"单一而明确，对"一定要找到他"、"约定了一定要见面"这些话语在不同场景中的重复将女主角在各个时代电影中的穿梭统一到主线上来，如图 15-11 所示。

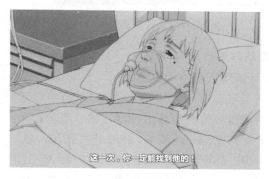

图 15-11 话语的重复将主线统一

而在《盗梦侦探》中,语言所体现出来的无秩序特质,将人们完全带入了梦的混乱和荒诞,被人类丢弃的垃圾与被社会压得喘不过来气的人在梦中大肆游行,如果没有这些语言,画面就会显得苍白无力,如图 15-12 所示。

图 15-12　语言的无序展现剧情的荒诞

它们与画面之间不是简单的阐释,而是预见与指示的关系。女主角千叶具有多重人格症,片中同一演员为两个人格配音,千叶的声音音调起伏不大,有着理智、冷静,而又刻板压抑,相反她的另一个身份红辣椒则声音调皮,富含情感,有着少女的活泼和妩媚,很好地表现了多重人格症的特质——完全相反的性格与气质等,如图 15-13 所示。

图 15-13　语音塑造不同性格的角色

2. 音乐与画面的离间与平行

音乐是声音中最富有情绪表现力的艺术形式。电影大师普多夫金讲,有声电影的主要因素不是音画合一,而是音画分立。今敏的动画电影中,可以看出他对音乐掌握的逐渐成熟,一开始音乐是阐释画面而后逐渐显露出"离间"的状态。在动画《东京教父》中,主要描述了几个流浪者的经历,画面的基调是暗淡的,城市里的五颜六色、光彩夺目也照不到他们的角落,而摇滚乐大师铃木庆一的配乐却是轻松、幽默,时而魔幻、时而嘲笑,即使在忧伤抒情的音乐中也加上跳跃的音符,有一种暗隐的雀跃。片尾那段追赶的情节,音乐虽然也属于较快节奏,但是完全没有画面所表现出来的危险气氛,反倒留下滑稽的印象,导演传递出的是冷漠的世界中看到的温暖和希望。音乐所表现出的气氛、情绪与画面所呈现出的气氛、情绪相反,有着"对立"的效果,使声音与画面产生了各自原来不具备的新寓意,在令人反思的主题和令人愉悦的乐趣之间找到了很好的平衡,如图15-14所示。

图 15-14　滑稽的音乐与紧张的剧情相"对立"

　　一个导演的音乐风格往往与其作品的节奏控制有着强烈的联系,影片《盗梦侦探》中电子音乐、圣歌、日本民谣结合而成的宜动宜静的音乐,大气中又不乏今敏所需的现代意象(图15-15),给他的动画带来其他导演所没有的厚度与质感,嘉年华游行一样的场面,电子乐所具有的独特品质更是将混乱、荒诞、癫狂表现到了极致。现实的音乐都是平静的背景音,而梦中的音乐是处于快节奏、张扬与强势的主导地位,强烈地渲染了梦的自由与随心所欲。音乐配合导演对人物的驾驭,不但使得整个影片节奏有张有弛,也表现了导演对现实与梦的阐释,正如他对色彩的表现——现实的深沉与梦魇的瑰丽多彩。音乐在这里与画面是平行的,不是简单的阐释,而是更为抽象和具有象征意义,更接近作者所要表达的主题。

图 15-15　音乐与画面的平行驾驭主题

3. 富有表现力的音效

　　音效是影片中去除角色语言和音乐以外的一切声音,它有着增强银幕的真实性,刻画人物心理,渲染画面气氛和突破画框界限,拓展空间的作用。今敏的动画电影中重复的音响都有着特殊的意义,影片《东京教父》中那经常出现的汽车嘈杂声,不但表现了城市的热闹,更重要的是衬托了流浪汉内心的悲凉,而救护车的声音在片中两次出现也颇有寓意,救死扶伤的人需要别人的救助,导演不仅是对社会的嘲讽,更想说的是都市人之间的感情已经到了崩溃的边缘,急需温情与宽容来呵护。

值得一提的是,此片片尾花子为了救孩子从楼上跳下来(图 15-16),接着阳光一瞬间出现照耀了城市以后有一节长达 18 秒的声音空白,这是动画片中音效的一种特殊存在形式,它是非现实、非常规的,在这一悬念迭起的时刻,声音的空白反而制造了令人聚精会神的气氛,也表现了这本属于都市人不屑的流浪汉给人们带来的心灵震撼。

图 15-16　声音的空白有独特的表现力

优秀的动画电影离不开出色的声音元素,个性化的语言、与画面离间的音乐、富含表现力的音响,赋予了今敏动画艺术以鲜活的生命,对其穿梭于虚幻与现实之间、挖掘角色心理有着不可忽视的作用。

15.2.3　声画结合对动漫影片的升华——以宫崎骏系列动画为例

作为世界级的动画电影大师,宫崎骏在它的一系列动画电影中,通过夸张的造型、细腻的画风,无处不在的音乐等,把天马行空般的想象力融入了人与人、人与自然、人与工业社会等人文或生态的主题,借助高度的浪漫主义手法隐喻当代社会人们在现实中所面临的困惑,构成了浪漫主义与现实主义、艺术手法和现实主题之间的强烈对比,从而形成了宫崎骏动画电影独特的魅力。

在宫崎骏动画电影的诸多要素中,音乐起着举足轻重的作用。纵观宫崎骏的动画电影,音乐对于动画的作用主要表现在 3 个方面:情节发展的推动、立体氛围的营造、细腻情感的抒发。

1. 音乐对情节发展的推动作用

影视动画在故事情节的发展上,带有一定的虚构性和想象性,因此需要音乐进行填充。这时的音乐或配乐在影视动画中就起到了暗示、影响、连贯情节发展的作用,属于情节性音乐。电影《千与千寻》中,从千寻跨上白龙的一刹那音乐展开,先是由副题材料构成的短暂的连接,接着用主部主题的音乐展开,铜管以极具金属感的音色,和着快速流畅的伴奏音型,表现了千寻和白龙在天空中飞行的畅快与自由,如图 15-17 所示。展开部中,音乐充分展现了串接剧情,连贯情节发展的作用。在展开部第二部分,并没有采用副部的音乐主题进行展开,而是出现了新的音乐素材,这段音乐,在电影前半部分的剧情中,曾经出现过。当时白龙身负重伤,为救白龙,千寻和白龙一起从高高的天井中坠落。音乐此时再一次的出现,对应着千寻回忆起小时候坠落河底被白龙救起的情景,并由此帮助白龙找回了丢失已久的姓名。两个主人公两次落难,两次从高处坠落,跌入险境,音乐在这里巧妙地共用了同一个素材,串起了剧情的发展,使故事的逻辑更加的清晰。

图 15-17　音乐串联剧情

《天空之城》中,西塔历经了千辛万苦来到了家乡天空之城,却最终不得不选择离开(图 15-18)。画面上的西塔一言不发,凝视着天空,仅就电影画面本身,已经无法传递此时西塔复杂的内心活动,但是音乐的及时出现,不仅填补了故事情节的空白,更丰富了视觉本身所不具备的想象性。管弦乐配合画面演奏出庄重的曲调,在倾诉着别离。随着天空之城越来越远,音乐逐渐减弱,只剩下一只管乐在如歌如泣的吹奏,仿佛是西塔的喃喃自语。当天空之城最终只有黑点大小时,管弦乐再次响起,而小提琴的加入更增加了悲壮的气氛,随着小提琴在几个音调上的持续反复,最终将离别的气氛推向高潮,让人潸然泪下。

图 15-18　音乐将影片气氛推向高潮

《幽灵公主》里,阿席达卡打死了侵犯自己村庄的邪神,但因此中了邪神的诅咒,性命难保。为了化解诅咒之谜和拯救自己,阿席达卡听从本村巫婆的指示前去西方寻求事出之因。阿席达卡从铁镇上的工人那里得知,森林中的野猪受到幻姬火枪的袭击,因为充满对人类的仇恨而变成了邪神。这段故事情节的展开通过管弦乐队的丰富配器,配合火光冲天、生灵涂炭的惨烈场景和电影画面得以实现(图 15-19),弦乐器组动力十足的进行曲节奏和管乐号角般的短促音调,展现了人类对自然界巨大的破坏力,回答了萦绕在阿席达卡心中的困惑,推动了剧情的发展。

图 15-19　音乐推动剧情发展

2. 音乐对营造立体氛围的作用

在宫崎骏的动画电影中,音乐可以填补视觉形象塑造所达不到的领域,并因此增加动画电影审美的多维性,以促进立体氛围的营造。这类音乐在乐器选择和编曲上都很有特点,常常用来展现民族风格或地域特征等。

电影《魔女宅急便》中,琪琪使用魔法骑扫帚飞行(图 15-20),来到了风景秀丽的滨海小城。广袤绿色的田野,宽广蔚蓝的海洋,鳞次栉比的屋顶,川流不息的人流,绘出一幅生机勃勃的景象。单簧管、大管、风琴和乐队在优美风光的背景下,反复演奏着明朗抒情的音乐主题,进行曲风格的节奏在六弦琴发出的几声弹拨音后,忽然变成了热烈喧闹的圆舞曲,欢快的夏威夷风的音乐和充满了异域风情的小城互为衬托,让异域风情在受到视觉冲击的同时,带来听觉上的震撼。

图 15-20　夏威夷风音乐展现了小城的异域风情

影片《千与千寻》中，当一艘具有日本寺庙建筑风格的巨轮缓缓驶近时，为了衬托具有东方建筑特点的视觉印象（图15-21），配乐中加入了日本传统的民间音乐元素，三弦、日本鼓、尺八、埙等古老东方乐器的相继演奏，使影片散发出了浓郁的东方民族文化的气息。

图 15-21　传统乐器的使用烘托了影片的民族文化

影片《天空之城》采用了多首爱尔兰民谣风格的音乐，朴素自然、清新悦耳，为画面注入了一种欧陆风情，补充说明了故事发生的时代感和地域性。在音乐的配器手法上，以电声、合成器等电子音乐为主，穿插圆号和钢琴小品的演奏，使人很容易联想到影片所表现出的欧洲工业社会的风情和未来虚幻世界的风貌，如图15-22所示。

图 15-22　民谣风格展现欧洲工业社会风貌

3. 音乐对细腻情感抒发的作用

宫崎骏的每部动画中都有一首很具代表性的音乐来奠定影片的主基调，它能够渲染气氛、营造出与视觉画面相符合的氛围。这种氛围深入到人物的内心世界，刻画人物细腻的情感，加深并强化观众们的情感体验，使影片中的意境美得到最充分的展现。

影片《魔女宅急便》的开始阶段，少女琪琪在充满了诗情画意的湖畔的青草地上，憧憬着即将开始的远行，田园牧歌般的旋律中流露出淡淡的忧伤和离别的感伤，少女即将离开故园和家人时的惆怅心情通过音乐流淌出来，如图15-23所示。音乐在这里展现出的力量，超越了语言和动画画面本身,深刻细腻地刻画出主人公丰富的内心情感,为观众营造了极富想象的审美空间。

图 15-23　音乐刻画了主人公的内心情感

这段音乐在影片中多次出现,深入到琪琪的性格当中。除了飞行外,琪琪有着常人身上都会有的弱点,她有过困惑和彷徨,曾经不太自信,也曾失落无助,但琪琪有颗执著善良的心,在这个冰冷的机器时代,琪琪在送快递的同时,也传达了爱的希望和力量,享受着成长带来的快乐和烦恼。这段主题音乐伴随了琪琪成长的每一个重要的时刻,见证了逐步成熟的少女的心路历程,和电影动画紧密地结合在一起,为整部影片增加了迷人的魅力。

影片《天空之城》中的一首曲子《伴随着你》,配器手法丰富,曲调华丽抒情。从苏格兰式的绮丽色彩中,既能够感受到小提琴和大提琴之间的你侬我语,又能够感受到排管、手鼓和竖琴等色彩性乐器带来的新奇体验。这首体现着爱的曲子,在影片中不止一次地出现。经历艰难和困苦考验的男女主人公,终于走到了一起,温暖缠绵的旋律表达着对彼此的珍惜之情:无论如何我都会伴着你,无论艰辛困苦我们都会彼此守候(图 15-24)。

图 15-24　音乐表现了主人公之间的情谊

影片《再见萤火虫》中,成田和节子失去了母亲,兄妹俩蹲坐在操场上,默默不语,寂静的忍受着失去亲人的悲伤和痛苦。为了刻画此时两个人的内心感受,弦乐小提琴和长笛先后奏出了凄美忧伤的小调音乐主题,音乐舒缓静谧、静水流深。悲哀的情感和悲痛欲绝的心理体验,在这里不是通过夸张的、号啕大哭式的动作和哭腔式的音乐语言进行渲染,而是借助于更深层次的简洁的直激人心灵深处的音乐,唯有如此,才能深刻体现主人公真挚而深邃的内心情感。这首曲子也在每每需要烘托主人公悲伤情绪时出现(图 15-25)。

图 15-25　悲情的音乐直击人的心灵

宫崎骏电影作品中,音乐对于动画的作用表现在上述的 3 个方面,但相互之间并不是完全分开的,音乐在营造立体氛围的同时,也会推动电影故事情节的发展,音乐在表达和抒发细腻情感的同时,也在营造符合影片内容所需要的意境。正是由于音乐在听觉形象上的丰富,使得宫崎骏动画电影在审美上具有层次感和多样性。因此,宫崎骏动画电影的美很大程度上在于音画的完美结合,在于音乐带给观众的愉悦和感动。

习题

1. 简述动漫声音的发展。
2. 选取一个优秀的动漫作品,分析作品中声音元素的运用。

参 考 文 献

[1] 茹惠.声音在影视作品中的分类及作用[J].电影评价.2008,21：23-24.

[2] 石雪飞,薛峰.数字音频编辑 Adobe Audition 3.0[M].北京：电子工业出版社.2012.

[3] 王华,赵曙光,李艳红.Adobe Audition 3.0 网络音乐编辑入门与提高[M].北京：清华大学出版
社.2009.

[4] 周宇飞.数字录音设备解析[J].演艺科技.2011,7：27-28.

[5] 金桥.动画音乐与音效[M].上海：上海交通大学出版社,2009.

[6] 李天一.Adobe Audition 影视动漫声音制作[M].北京：电子工业出版社,2013.

[7] 王定朱,庄元.数字音频编辑 Adobe Audition CS5.5[M].北京：电子工业出版社,2012.

[8] Vanessa Theme Ament 著.拟音圣经[M].徐晶晶译.北京：电子工业出版社,2010.

[9] 廖祥忠,贾秀清.影视声音创作与数字制作技术[M].北京：中国广播电视出版社,2006.

图 书 资 源 支 持

感谢您一直以来对清华版图书的支持和爱护。为了配合本书的使用，本书提供配套的资源，有需求的读者请扫描下方的"书圈"微信公众号二维码，在图书专区下载，也可以拨打电话或发送电子邮件咨询。

如果您在使用本书的过程中遇到了什么问题，或者有相关图书出版计划，也请您发邮件告诉我们，以便我们更好地为您服务。

我们的联系方式：

清华大学出版社计算机与信息分社网站：https://www.shuimushuhui.com/

地　　址：北京市海淀区双清路学研大厦 A 座 714

邮　　编：100084

电　　话：010-83470236　010-83470237

客服邮箱：2301891038@qq.com

QQ：2301891038（请写明您的单位和姓名）

资源下载： 关注公众号"书圈"下载配套资源。

资源下载、样书申请

书 圈

图书案例

清华计算机学堂

观看课程直播